# ÉTUDES

SUR

# LES INONDATIONS.

A VALENCE

**Chez l'Auteur, rue Farnerie, n° 17.**

# ETUDES



# INONDATIONS

## CAUSES ET REMÈDE

OUVRAGE COURONNÉ

Par l'Académie Impériale des Sciences, Belles-Lettres et Arts de Bordeaux

### PAR M. J. DUMAS

MEMBRE DU CORPS ENSEIGNANT

Auteur de la *Science des Fontaines.*

Nil mortalibus arduum est.
HORACE, liv. I., ode 3.

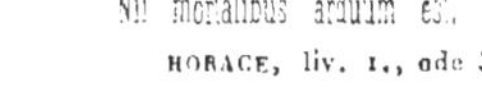

CHEZ LES PRINCIPAUX LIBRAIRES DE FRANCE.

**30 Avril 1857.**

DROIT DE TRADUCTION RÉSERVÉ.

# AVANT-PROPOS.

Il n'est personne qui ne soit encore sous la douloureuse impression des désastres causés par les inondations qui ont ravagé pendant l'année 1856 plusieurs parties de la surface du globe.

De tant de malheurs qui ont été causés par les débordements des cours d'eau en 1856, la France a eu une large part : elle a été frappée au loin et au large par le fléau avec une violence telle, que les annales de notre pays ne nous avaient point encore offert le tableau de si désolantes calamités.

Dans l'espace de peu de jours, trois des grands bassins hydrographiques de la France ont donné l'effrayant spectacle de deux ou même trois débordements extraordinaires et successifs, qui ont transformé les basses plaines en lacs profonds et de plusieurs kilomètres d'étendue superficielle.

Les débordements extraordinaires du Rhône,

de la Loire, de la Garonne et de leurs affluents ont causé des malheurs inouïs : des ponts et des chaussées ont été emportés, des villages engloutis, des quartiers de villes complétement rasés, des fortunes anéanties. On ne peut lire qu'en frémissant les épisodes tragiques racontés par les journaux qui ont publié le bulletin des progrès et de la décroissance du fléau.

Au milieu de ces cruelles catastrophes, des actes multipliés de charité, de courage et de véritable héroïsme, dont plusieurs resteront toujours ignorés, se sont produits sur bien des points ; et l'empressement à secourir les victimes du fléau n'a manqué nulle part dans notre généreux pays : ni le gouvernement, ni les citoyens n'ont fait défaut.

Pour subvenir aux premiers besoins, 500,000 francs furent d'abord alloués par décret, dès la première nouvelle des sinistres ; d'autres fortes sommes furent remises aux Préfets du Rhône, de la Drome, de l'Isère ; ensuite deux millions ont été votés à l'unanimité par le corps législatif, et des souscriptions ouvertes non seulement en France, mais aussi dans les pays étrangers, ont produit des sommes considérables.

Sans doute, avec de tels secours on a pu soulager bien des misères, ranimer bien des coura-

gés abattus. Mais ce qui a le plus puissamment
contribué à diminuer ou adoucir, autant qu'il
était possible, l'horreur de la cruelle position de
tant de milliers de citoyens que le fléau avait
laissés sans pain et sans asile, c'est la présence
de l'Empereur qui, bravant le danger, s'est
porté sur toute la longueur des lignes atteintes
par l'inondation, répandant à pleine main des
secours pécuniaires, relevant par des paroles con-
solantes le moral des populations, remettant en
outre, sur son passage, aux autorités des principaux centres, des sommes considérables pour
être distribuées, et accomplissant tous ces actes
avec un dévouement dont les princes ont donné
rarement l'exemple.

En présence de si grands malheurs qui ont été
la suite des dernières inondations, malheurs dont
on peut craindre avec raison les renouvelle-
ments successifs pour des temps plus ou moins
prochains, on devait se demander s'il était au-
dessus de la puissance humaine de conjurer le
fléau, et de clore au besoin la période de ses
ravages.

La lettre que l'Empereur Napoléon III écrivait
de Plombières, le 19 juillet 1856, à M. le Ministre
des travaux publics, renferme des idées qui n'ad-

mettent pas le doute sur la possibilité d'arrêter les inondations.

Quant à nous, notre opinion est telle; nous l'avons émise, avant l'inondation du mois de mai 1856, dans notre ouvrage intitulé : *La Science des Fontaines*, pages 446 et 447 (*). Nous pensons qu'il n'est pas impossible d'empêcher les inondations, et que la question de savoir *si l'on pourra contraindre les grandes rivières et les fleuves à ne plus sortir de leurs lits* ne renferme pas d'autres difficultés que celles de la question financière qui s'y rattache nécessairement.

D'autre part, des hommes spéciaux qui sont l'honneur de nos sociétés scientifiques ont aussi pensé qu'il serait peut-être possible de vaincre le fléau des inondations; et l'Académie impériale des sciences, belles-lettres et arts de Bordeaux, prenant, le 4 juillet 1856, une noble et généreuse initiative, provoquait en ces termes l'étude de ce problème.

« Les inondations qui se sont renouvelées si » fréquemment cette année, et qui ont porté le » deuil et la désolation sur une vaste partie du

_______________

(*) Cet ouvrage a paru en mars 1856.

» territoire de la France, font désirer que ce
» phénomène soit étudié dans ses causes et ses
» effets, non seulement pour atteindre un but
» scientifique, mais afin de voir s'il ne serait
» pas possible de le combattre, de le maîtriser,
» et même d'en tirer quelque profit par des
» applications, quelles qu'elles fussent, et no-
» tamment à l'agriculture. »

En même temps elle mettait des questions au concours, et proposait pour prix une médaille d'or de la valeur de 500 fr. Le terme de rigueur pour la clôture du concours était fixé au 15 novembre 1856.

Comme pièce de concours pour le prix relatif aux inondations, nous adressions le 6 novembre 1856, à M. Gout Desmartres, président de l'Académie, le présent ouvrage, mémoire alors inédit et portant l'épigraphe suivante :

ÉPIGRAPHE.

L'admirable harmonie qui règne dans cet univers nous porte à admettre que, pour chacun des maux qui affligent l'humanité, Dieu a placé le remède à côté du mal, et qu'il laisse à l'homme le soin de le découvrir et de l'appliquer.

Le problème mis au concours par l'Académie se compose :

1° De trois questions principales, savoir :

« Etudier les inondations et leurs causes ;

» Rechercher les moyens d'y remédier ;

» Applications spéciales au bassin de la Garonne. »

2° Et d'une série de questions secondaires ainsi formulées :

« L'Académie verrait avec plaisir que, sans négliger les causes générales des inondations, telles que pluies, fontes des neiges, glaciers, nappes et cours d'eau souterrains, etc., l'on tînt compte des travaux qui ont été exécutés d'une manière incessante depuis un certain nombre d'années, tels que défrichements des forêts, déboisement des montagnes, colmatage, drainage, irrigation, puits artésiens, mines, barrages des rivières, détournement des cours d'eau, chemins de fer, etc. Elle verrait encore avec plaisir que l'on comparât les effets produits par les inondations d'automne et d'hiver avec ceux des inondations du printemps et de l'été, qui sont si distincts au point de vue de l'agriculture. »

Notre travail sur la question des inondations

a été jugé digne d'obtenir une médaille d'argent
petit module. Si ce travail peut contribuer à
la solution de l'immense problème qui occupe
en ce moment les esprits les plus sérieux, nous
nous applaudirons d'avoir fourni dans cette
grave question notre contingent d'utilité.

# TABLE MÉTHODIQUE DES MATIÈRES.



**FIN DE LA TABLE MÉTHODIQUE.**

# ÉTUDES
# SUR LES INONDATIONS
## CAUSES ET REMÈDE.

## INTRODUCTION.

Dans tous les temps les ravages causés par les débordements des cours d'eau ont attiré l'attention publique ; et dans tous les temps aussi on a travaillé à combattre dans leurs causes et dans leurs effets ces sources de malheurs et de désolations.

Les ouvrages d'endiguement plus ou moins anciens établis sur les berges des rivières et des fleuves, tels que levées, éperons, jetées, digues, chaussées, sont là pour attester les efforts que les riverains ont tentés, et les projets qu'ils ont exécutés pour se garantir des crues subites et fréquentes des cours d'eau.

M. Vergnaud-Romagnési assure que les *levées* ou *jetées* qui bordent la Loire existent de temps immémorial. Evidemment ces travaux anciens ne peuvent avoir d'autre origine que la nécessité où se trouvèrent les plus intéressés, les plus voisins du fleuve, de défendre leurs propriétés contre les ravages des inondations.

On sait que, pendant qu'on dressait à Saintes, à Arles, à Narbonne, etc., des temples et des autels en l'honneur d'Auguste, par suite du vote de l'assemblée générale des Etats Gaulois réunis à Lyon, l'an 12 avant J.-C.

un ouvrage monumental d'endiguement fut terminé entre Orléans et Blois. C'était la levée de la Loire.

Cette chaussée, commencée par Agrippa, avait été construite dans le but d'empêcher les eaux du fleuve de se mêler à celles du Cher, et de garantir par là le beau bassin d'Orléans et de Blois des inondations qui l'envahissaient chaque année.

On sait aussi que, après les princes romains, Charlemagne s'était préoccupé sérieusement de ces ouvrages de défense, et ses capitulaires font foi qu'il avait voulu régulariser les endiguements.

La levée sur la rive droite de la Loire entre Tours et Saumur, qui présente aujourd'hui l'aspect d'une longue rue bordée de maisons de campagne, est déjà fort ancienne : on fait remonter sa construction à Louis-le-Débonnaire.

On conçoit que des travaux de cette nature et d'une longueur très-considérable ont dû exiger bien des années pour se produire. Etablies d'abord sans régularité, ces digues ont longtemps manqué de deux conditions nécessaires au rôle qu'on voulait leur faire remplir, savoir : - la hauteur convenable, et la promptitude des réparations. Car, on n'ignore pas que sous le règne de Charles VII, lors du siége d'Orléans en 1429, ces digues étaient encore très-peu élevées, et que leur entretien était confié à deux notables bourgeois de la ville. Plus tard, et par les ordres de Louis XI, de Louis XII et de Henri IV, ces travaux reçurent successivement et les réparations régulières, et l'exhaussement convenable, et les additions importantes qu'ils laissaient encore à désirer.

Ce que nous venons de rapporter relativement à la

Loire peut aussi se dire des autres cours d'eau qui dans tous les temps ont été considérés comme dangereux, soit par leur masse imposante, soit par leur nature torrentielle. Des digues très-anciennes existent çà et là, attestant les efforts qui ont été tentés sur différents points, pour empêcher les débordements des fleuves et des rivières. On voit, en Belgique, en Flandre et en Bourgogne, de belles chaussées anciennes qui portent le nom de Brunehaut, et dont la plupart sont considérées par les historiens comme étant plutôt l'œuvre des Romains que celle de la reine d'Austrasie.

Ces documents sont ici rapportés afin d'établir avant tout que les inondations ne constituent point un phénomène récent dans le monde. Ce phénomène est, au contraire, très-ancien ; car, depuis l'immense cataclysme raconté par Moïse, combien de fois des populations alarmées par les chutes précipitées et persistantes de pluies torrentielles ne se sont-elles pas crues menacées d'un autre déluge universel !

A ce qui précède nous ajouterons quelques faits qui ont été constatés par les historiens des temps passés, et qui établissent l'ancienneté du phénomène des inondations. Car, bien que, à ces époques reculées de l'époque actuelle, on n'eût pas généralement, comme de nos jours, l'heureuse habitude d'enregistrer tous les faits de quelque importance ; néanmoins l'histoire mentionne un bon nombre de débordements remarquables, soit par leur durée, soit par leur soudaineté, soit par l'étendue et la grandeur des désastres.

Par exemple, pour la Seine, on compte 17 inondations depuis l'an 585 jusqu'à 1788.

Pour la Loire, 25 débordements entre l'an 579 et l'an 1791.

Pour la Garonne, une inondation en 1678 et une autre en 1783.

Pour le Rhône, 25 débordements depuis l'an 580 jusqu'à l'année 1651 ; etc.

En 1196, la Seine déborda tellement que le roi Philippe-Auguste fut contraint d'abandonner son palais de la cité.

Au mois de juin 1426, le soir même de la fête de la St-Jean, la Seine déborda si subitement qu'elle éteignit les feux allumés sur la place de Grève.

Le 8 juin 1427, les eaux de la Seine atteignirent le premier étage des maisons placées sur ses bords.

En mars 1615, les eaux de la Loire dépassèrent le seuil de l'église des Capucins à Saumur.

Plusieurs de ces années de grande inondation ont conservé dans diverses localités la dénomination *d'années du déluge*.

Tous ces divers documents, nous le répétons, établissent que le phénomène des inondations est déjà fort ancien, et portent à croire que, dans tous les temps, les hommes se sont livrés à une lutte incessante contre ce fléau, surtout dans un pays tel que la France, où l'élément à combattre abonde plus que partout ailleurs; car dans cette contrée de peu d'étendue l'on compte environ 9000 cours d'eau, dont plus de 200 sont des rivières navigables ou flottables.

Les débordements des rivières et des fleuves constituent un phénomène qui s'est manifesté une infinité de fois sur un nombre incalculable de points, et dont la

reproduction (au moins dans les circonstances où il dé-
ploie toute son énergie), a lieu à des intervalles très-
inégaux. Le phénomène des inondations est un fléau
qui s'associe à la gelée blanche, à la grêle, aux trombes
électriques, au tonnerre, etc. La plupart de ces fléaux se
manifestent capricieusement sur le globe, menaçant,
renversant, ravageant, détruisant les œuvres de l'homme
et l'homme lui-même (sans détruire toutefois l'harmonie
dans le monde); et dont on conçoit parfaitement l'existence, en les rattachant à la loi du travail qui pèse sur
l'humanité entière.

Mais la question qui est à l'ordre du jour en France,
le problème à résoudre et dont la solution tant désirée,
à cause des intérêts immenses qui s'y rapportent, occupe
actuellement les esprits les plus sérieux ; cette question
disons-nous, consiste à savoir si l'on pourra parvenir à
calmer, à maîtriser les cours d'eau dans leurs jours de
colère, comme, par l'invention du paratonnerre, la
science actuelle peut mener en laisse la foudre, et désar-
mer le nuage orageux.

Nous traiterons cet important sujet en nous confor-
mant à l'ordre des questions posées par l'Académie Impériale des sciences, belles-lettres et arts de Bordeaux (*); et nous diviserons notre travail en deux
parties.

Dans la première, nous étudierons les inondations
dans les causes qui les produisent, et dans leurs effets.

Dans la seconde, nous indiquerons le remède qu'il
convient d'appliquer au mal.

(*) Voir l'avant-propos.

La première partie contiendra six chapitres qui présenteront successivement :

Le véritable point de vue de la question; la définition, la démonstration et la mesure des causes des inondations; le mode de formation des inondations; enfin la comparaison des inondations dans les diverses saisons.

La seconde partie décrira, en huit chapitres,

Les divers moyens déjà proposés pour combattre les inondations; l'influence de certains travaux; l'appréciation numérique de la quantité d'eau qui fait déborder les rivières et les fleuves; les moyens à employer pour arrêter cette quantité d'eau; la destination des eaux arrêtées; un aperçu des dépenses; enfin, les résultats et les compensations à espérer.

Nous fournirons tous ces détails, dans la mesure de nos forces intellectuelles; et nous parcourrons ce vaste cadre, afin de remplir autant qu'il est en notre pouvoir les vues de l'Académie.

Pour terminer cette introduction, nous dirons que la pensée dominante de cet ouvrage peut se formuler ainsi :

Depuis une longue série de siècles, la France voit couler en pure perte dans la mer les nombreux cours d'eau dont elle a été si largement pourvue par la nature; et jusqu'à présent, on n'a opposé au fléau des inondations que des travaux d'endiguement, ouvrages de défense qui garantissent les bords des cours d'eau, en temps ordinaire, mais qui n'empêchent pas les débordements dans les grandes crues. Nous nous laissons ainsi noyer par nos propres richesses depuis un temps immémorial, au lieu de les faire fructifier, en les appliquant à leur

véritable destination ; en dirigeant avec intelligence nos
ruisseaux, nos rivières et nos fleuves ; et en répandant
leurs eaux sur toutes les terres susceptibles de recevoir
le bienfait des irrigations. C'est pourquoi, lorsque l'agriculture se sera emparée de toutes les eaux courantes
que possède la France, et que, par le système le plus
général d'irrigation, elle aura tourné à son profit les
richesses immenses de liquide qui jusqu'à ce jour nous
ont été souvent si funestes, alors on aura compris le
but providentiel de ce grand nombre de cours d'eau en
rattachant ce but à la loi du travail qui pèse sur l'humanité ; alors aussi nous n'aurons plus d'inondations, et
notre pays deviendra le grenier d'abondance de l'Europe
entière ; alors, enfin, se trouvera complétement réalisée
la prédiction que le grand Géographe de l'antiquité
(Strabon) nous a laissée dans des pages remplies de son
admiration, lorsqu'en parlant de la terre Gauloise, il
s'écrie (Livre I) : « Il semble qu'un Dieu tutélaire ait
élevé ces chaînes, ces montagnes, rapproché ces mers
et dirigé le cours de tant de fleuves, pour faire un jour
de la Gaule le lieu le plus florissant du monde. »

# PREMIÈRE PARTIE.

# CAUSES DES INONDATIONS.

## CHAPITRE I.

—

### Véritable point de vue de la question.

Avant d'aborder les difficultés que présente le problème des inondations, il est essentiel de placer cette question si complexe sous son véritable point de vue. Ainsi considérée, la question actuelle nous permettra de distinguer les diverses causes des inondations et leurs terribles effets. Nous pourrons alors marcher sûrement vers la détermination de la source du mal, et c'est là le point capital de la question ; car il est de principe qu'il n'y a pas de mal sans remède, lorsque ce mal est connu dans ses causes et dans ses effets.

Or, que savons-nous sur les inondations?

Nous connaissons seulement les déplorables effets de ce fléau dévastateur ; nous avons à enregistrer de temps à autre quelques nouveaux désastres qui viennent s'ajouter à la série des désastres précédents. Triste et fatale connaissance, qui a déjà beaucoup trop d'étendue et qu'un élan généreux voudrait arrêter aujourd'hui à tout prix, en clôturant pour toujours le tableau d'enregistrement qui renferme la relation de tant de malheurs irréparables. Ce tableau de lugubre aspect constate que, depuis le commencement de ce siècle surtout, le fléau des inondations ravage avec une effrayante périodicité quelques-uns de nos départements les plus riches et les plus prospères.

Voilà tout ce que nous connaissons sur les inondations.

Reste à découvrir leurs causes.

La question actuelle des inondations serait donc complétement résolue, si l'on parvenait à déterminer les véritables causes de ce fléau terrible. Conséquemment, c'est de cette partie de la question que nous devons nous occuper d'abord. Car, là se trouve toute la difficulté que présente cet immense problème de salut public; et ce ne sera qu'après avoir obtenu cette découverte, qu'après avoir défini d'une manière bien précise les causes des inondations, que l'on pourra appliquer au mal, quel qu'il soit, le remède efficace.

Sur les causes présumées des inondations on a déjà beaucoup écrit, et principalement dans ces derniers temps. Des hommes d'un savoir et d'un talent bien remarquables ont émis leurs opinions, et de nombreuses causes ont été assignées aux inondations.

On a cité :

Le déboisement des forêts ;

Le piétinement des bestiaux sur les montagnes ;

Le défrichement des terres en pentes ;

L'absence de plantations d'arbres aquatiques à haute et à courte tiges sur les bords des cours d'eau ;

La présence des levées, jetées, éperons, digues, et chaussées dans les lits ou sur les bords des rivières et des fleuves.

Mais un fait a paru décisif : c'est que les inondations ne sont devenues fréquentes et régulières, pour ainsi dire, que depuis la funeste tendance des propriétaires à convertir en terres défrichées les forêts qui couronnent les montagnes.

Il y a sans doute du vrai dans chacune de ces opinions ; mais ce qu'elles renferment de vrai ne se rapporte qu'à des causes secondaires et tout à fait accidentelles.

D'après notre opinion particulière et personnelle, nous définirons et nous ferons connaître, en les précisant, les diverses causes que nous attribuons aux inondations; et afin de fournir la connaissance complète de ces causes, nous donnerons, dans les chapitres suivants, leur définition, leur démonstration et leur mesure.

Or, à notre point de vue, les causes des inondations sont de deux sortes : les unes, premières ou absolues; les autres, secondaires ou accidentelles.

# CHAPITRE II.

—

**Définition des Causes des inondations.**

*1° Causes premières ou absolues.*

Nous appelons causes premières ou absolues des inondations celles qui existent indépendamment de la volonté humaine. Elles sont rendues manifestes par les chutes irrégulières des pluies, et par toutes les aspérités qui hérissent la sur·face de notre planète.

### EXPLICATION DE LA DÉFINITION.

Les causes premières ou absolues des inondations existent séparément, l'une, dans les chutes des pluies ; l'autre, sur toutes les aspérités et les inégalités du sol. C'est là leur raison d'être. L'action individuelle, seule et isolée de l'une quelconque de ces deux causes serait de nul effet ; et ce n'est que du concours simultané des deux causes que peuvent résulter les inondations.

Elles ont chacune un caractère particulier.

La première, étant par sa nature très-variable dans le choix du moment, et du lieu de sa manifestation, et en même temps dans la soudaineté, dans l'énergie et dans la longueur de son action, s'exerce capricieusement à des époques et sur des contrées diverses, et fait varier ses effets, soit dans leur spontanéité, soit dans leur puissance, soit dans leur durée.

La seconde, étant permanente et invariable, produit toujours ses effets avec les mêmes allures et dans les mêmes directions.

*2° Causes secondaires ou accidentelles.*

Nous appelons causes secondaires ou accidentelles des inondations, celles qui doivent leur existence à la volonté ou à l'incurie de l'homme, comme aussi celles qui sont créées par des accidents tout à fait fortuits.

Elles ont pour caractère distinctif de ne jamais produire aucun effet général, parce qu'elles ne s'attachent qu'à des points particuliers.

Les causes secondaires ou accidentelles des inondations sont très-nombreuses : nous allons en citer quelques-unes parmi les plus connues et les plus ordinaires. Peu de mots sur quelques exemples feront comprendre notre pensée.

1° La chute d'un arbre occasionnée soit par la vétusté, soit par un orage, soit par un ouragan passager; l'éboulement d'un mur dans un pli du terrain, dans un fossé, ou dans un ruisseau, peut devenir un obstacle suffisant à la marche habituelle des eaux qui ont leur direction dans ce lieu, et peut les arrêter. De là, une inondation partielle dans les terres voisines, qui seront ravinées, sillonnées, et souffriront de cet accident fortuit.

2° Un pont de pierres situé sur un torrent ou sur une rivière torrentielle croule à la suite d'un orage, et pendant que le cours d'eau est déjà enflé par les pluies récentes. Le lit de la rivière se trouve subitement encombré par les débris du pont; les eaux gênées ou arrêtées dans leur marche s'efforcent de tourner les obstacles ; elles rongent le bord le plus bas, et parviennent à se creuser une issue qui leur donne accès dans les terres situées au-dessous. De là, inondation partielle et dégâts plus ou moins considérables dans ces terres.

3° Une digue de défense avait été construite le long d'une rivière pour protéger contre les inondations les terres et les habitations voisines. Cette digue cède, sur un ou sur plusieurs points, contre les efforts du cours d'eau devenu menaçant et redoutable. De là, inondation, ravages déplorables, malheurs souvent irréparables dans les propriétés voisines.

4° On a déboisé totalement une forêt située en pente, qui était très-bien fournie d'arbres, et vers laquelle la disposition des plans amène les eaux pluviales d'un bassin fort étendu ; de plus on a converti le sol de cette forêt en terres défrichées. Peu après, il survient une pluie diluvienne, une pluie exceptionnelle. De là, grande inondation dans les propriétés inférieures qui sont promptement ravagées et recouvertes, à une certaine épaisseur, d'une couche de gravier et de cailloux.

5° Le lit d'une rivière, autrefois assez profond, s'est considérablement exhaussé par les dépôts successifs que lui amènent les ruisseaux torrentiels, ses affluents. On a bien compris que ce lit devait être changé de place, que ce déplacement serait possible et même facile, en détournant le cours d'eau dans une zone voisine et beaucoup plus basse que le lit actuel. Mais les plus intéressés à cette mesure devenue nécessaire ne se sont pas encore entendus entre eux, ou n'ont pas encore donné leur assentiment à l'exécution de ce projet important. Tout à coup il survient une crue extraordinaire dans ce lit exhaussé et sans berges, et les propriétés riveraines sont submergées ou ravagées.

6° Le lit d'une rivière a été rétréci considérablement sur quelques points par des travaux de défense mal entendus, que les propriétaires riverains ont fait exécuter sur les deux bords. Il survient une crue extraordinaire. Le cours d'eau ne pouvant plus être contenu par les berges trop resserrées de son lit, déborde en amont des digues, se fraie une autre voie en dehors de son lit, et va porter la dévastation dans des terres qui n'auraient jamais eu à souffrir du voisinage éloigné du cours d'eau, sans l'existence de ces travaux malencontreux, et d'un intérêt très-mal calculé.

Ces exemples suffisent pour expliquer ce que nous entendons par causes secondaires ou accicentelles des inondations. Le plus souvent, pour ne pas dire toujours, il dépend de l'intelligence, de la volonté et des soins de l'homme de prévenir et d'empêcher ces inondations partielles et tout à fait accidentelles.

Nous partirons de ces définitions convenues et des explications qui précèdent, afin de nous entendre dans ce qui va suivre.

Abordons maintenant les détails qui doivent faire connaître et préciser les causes premières ou absolues des inondations.

# CHAPITRE III.

—

**Démonstration des Causes premières
des inondations.**

Nous ne démontrerons pas l'existence de la
pluie. On sait que la pluie n'est autre chose que
la liquéfaction des nuages ; et personne ne révo-
que en doute ce fait d'observation vulgaire et qui
se renouvelle fréquemment.

De plus on sait que, dans notre pays de
France, il tombe généralement une quantité
moyenne annuelle de pluie dont l'épaisseur est
de 28 pouces, ou $0^m, 76$. C'est la somme moyenne
de pluie pour 12 mois consécutifs.

On sait aussi par des expériences nombreuses
que généralement, dans un vase ouvert, l'évaporation est plus considérable que la quantité
moyenne de pluie.

On sait en outre que, pour cette année très-
pluvieuse de 1856, le mois qui a fourni le plus
est le mois de mai ; et que pendant ce mois de
mai il est tombé dans Valence 322 millimètres
d'eau ; et à Montpellier, d'après les observations
de M. Ch. Martins, professeur à la faculté de mé-

decine, le 29 et le 30 mai 1856 il est tombé une couche d'eau de 102 millimètres d'épaisseur. Dans les deux mêmes jours 29 et 30 mai 1856, il est tombé à Valence 143 millimètres d'eau.

Partant de ces faits connus, ou du moins bien avérés, nous pouvons soutenir l'argumentation suivante qui se trouve ainsi parfaitement appuyée.

Dans cette démonstration nous établirons d'abord que sans les aspérités qui hérissent la surface du sol, les inondations seraient impossibles. Nous prouverons ensuite que, ces aspérités existant, les inondations doivent se produire.

De la démonstration de ces deux propositions nous serons en droit de conclure que les inondations ont pour causes premières ou absolues la chute des pluies et l'existence des montagnes, des collines et de toutes les aspérités et inégalités de la surface du sol.

1<sup>re</sup> PROPOSITION.

Si la surface des continents ne présentait ni montagnes, ni collines et par conséquent aucune dépression de terrain ; en un mot, si cette surface était parfaitement unie, il n'y aurait pas d'inondation possible provenant des eaux pluviales.

En effet ;

1° Les eaux pluviales demeureraient dans le lieu même où elles seraient tombées directement des nuages ; car, la régularité de la surface ne les solliciterait pas à s'épancher plutôt vers un point que vers un autre. Conséquemment, l'évaporation de ces eaux s'opérerait à la surface même qui les aurait reçues.

2° Sur une foule de points la quantité moyenne de pluie ne saurait suppléer à l'évaporation. Conséquemment, sur ces mêmes points, les terres seraient desséchées pendant une grande partie de l'année. D'où il résulterait que dans les cas exceptionnels des plus grandes pluies, la couche d'eau, toujours de faible épaisseur, disparaîtrait en peu de temps sous les deux actions combinées et absorbantes du sol altéré et de l'évaporation.

3° De ce double exposé il suit évidemment que, dans aucun cas, la couche d'eau produite par les eaux pluviales ne pourrait submerger les récoltes, ni les arbres, ni les bestiaux, ni les hommes, ni les habitations ; elle ne saurait non plus rien ravager, ni renverser, ni détruire, parce qu'elle manquerait de mouvement.

Donc 1° sans les montagnes et les collines, sans les plateaux en pente, sans les plis et les dépressions diverses qui existent à la surface des continents, les précipitations de pluies ne pourraient jamais occasionner aucune inondation capable de porter le ravage et la désolation dans les terres qui auraient reçu ces chutes de pluies.

2<sup>me</sup> PROPOSITION.

Avec les montagnes, les collines, les pentes des plateaux élevés, les vallées larges et profondes, les dépressions diverses, et enfin les plaines que présente le sol à sa surface, les inondations deviennent possibles.

En effet;

Les chaînes de montagnes jettent à droite et à gauche des embranchements qui s'étendent plus ou moins, et qui se subdivisent en chaînes et en rameaux irréguliers. Toutes ces aspérités de la surface du sol se présentent diversement rapprochées les unes des autres, et admettent entre elles des dépressions de terrain très-variables dans leur étendue, qu'on appelle vallées, vallons, gorges, ou simplement plis, suivant que leurs dimensions sont grandes, moyennes, ou médiocres. Ces dépressions constituent les bassins hydrographiques des fleuves, des rivières et des ruisseaux.

Les montagnes et les collines sont souvent ter-
minées à leur partie supérieure par des plateaux,
qui présentent ordinairement beaucoup d'irré-
gularités à leur surface. Outre que ces plateaux
penchent diversement vers telle ou telle autre
partie de la montagne ou de la colline, on y dis-
tingue presque toujours une espèce de crête qui
forme la ligne de partage des eaux. Cette ligne
de partage des eaux existe aussi au faîte de toutes les montagnes et collines qui ne sont pas ter-
minées par des plateaux. C'est à cette ligne, soit
sur les montagnes, soit sur les plateaux, que les
eaux pluviales se divisent réellement : une partie suit la pente d'un versant, l'autre partie suit
la pente du versant opposé.

Or, cette disposition de diverses surfaces affec-
tant toutes sortes de directions, mais liées inti-
mément les unes aux autres par le seul fait de
cet admirable ensemble, ne peut que rarement
permettre aux eaux pluviales de demeurer à la
place où elles sont tombées directement des
nuages.

D'où il suit que ces eaux pluviales, à peine arrivées à la surface du sol doivent prendre d'elles-mê-
mes un mouvement en vertu de la pesanteur; et se
diriger, en suivant les pentes, vers les parties les
plus déclives. La vitesse de leur marche est varia-

ble, et toujours commandée par l'inclinaison des
plans. Aussi, tantôt elles cheminent calmes et
inoffensives; tantôt elles s'élancent avec emporte-
ment, et entraînent les obstacles qui s'opposent
à leur course tumultueuse. Ainsi sollicitées par
un assemblage de pentes et de chutes diverses,
les eaux pluviales qui tombent sur des points
soit voisins, soit très-distants, se réunissent dans
les plis, dans les fossés, dans les gorges et successivement dans les lits des torrents, des ruisseaux, des rivières et des fleuves, qu'elles parcou-
rent dans toute leur longueur en modestes filets,
ou en masses imposantes, pour aller se confondre avec les eaux de la mer.

D'où il devient évident que les montagnes,
les collines et les dépressions de tout ordre qui
existent à la surface des continents, ont pour
effet de présenter aux eaux pluviales des plans
inclinés qui les mettent en mouvement; de les
diriger successivement de dépressions en dépressions dans les lits des torrents, des ruisseaux,
des rivières et des fleuves; et de rassembler
ainsi, en masses puissantes, de légères couches d'eau venues d'une infinité de points
qu'elles recouvraient à peine de quelques centimètres, ou de quelques millimètres seulement.

C'est donc en vertu de la constitution actuelle de la surface des continents que s'opère l'agglomération des eaux pluviales, et que les cours d'eau s'établissent.

Le lit d'un ruisseau reçoit toutes les eaux pluviales qui tombent dans son bassin hydrographique, et que lui amènent les divers plis de terrain qui sont ses véritables affluents.

Le lit d'une rivière reçoit les eaux fournies par tous les ruisseaux qui appartiennent au bassin hydrographique de cette rivière.

Et le lit d'un fleuve reçoit les eaux de toutes les rivières qui coulent dans le bassin hydrographique de ce fleuve.

De sorte que la masse d'eau d'un ruisseau, d'une rivière, ou d'un fleuve, va toujours en s'amplifiant, dans sa marche, depuis la source jusqu'à l'embouchure, chaque fois que le cours d'eau reçoit un de ses affluents ; et, en définitive, les eaux pluviales qui courent superficiellement sur les plans inclinés, de même que celles qui passent sous le sol et qui ont pour destination de former des sources et d'entretenir les Fontaines, aboutissent toutes aux grandes rivières et aux fleuves qui se jettent dans la mer.

D'où il suit que si, dans un même jour, tous les affluents, ou plusieurs affluents d'une rivière

ou d'un fleuve, fournissent des tributs extraordinaires provenant de très-fortes précipitations
de pluies, cette rivière ou ce fleuve pourra
prendre des proportions énormes, sortir impé-
tueusement de son lit, et se répandre en fléau
dévastateur sur les terres et les plaines livrées
à ses débordements.

Donc 2° les inondations deviennent possibles
par le fait de la constitution actuelle de la surface des continents, qui présente des plaines,
des montagnes, des collines, des plateaux, des
vallées larges et profondes, des vallons, des
gorges et des dépressions diverses.

### CONCLUSION.

Des deux démonstrations qui précèdent nous
pouvons conclure que, les inondations ont pour
causes premières ou absolues les chutes extraordinaires des eaux pluviales, et l'existence des
montagnes de tout ordre et de toutes les aspérités
et inégalités du sol.

Là est l'origine du mal. C'est là aussi qu'on
devra appliquer le remède, quel qu'il soit, pour
opérer d'une manière efficace, en attaquant le
mal à la racine.

# CHAPITRE IV.

—



**Mesure des Causes des inondations.**

Dans cette mesure nous nous occuperons d'a-
bord des causes premières ou absolues; ensuite,
des causes secondaires ou accidentelles.

*1° Causes premières ou absolues.*

On peut appliquer facilement une mesure aux
causes premières ou absolues.

Considérons la cause première qui dépend de
la chute des pluies.

Pour celle-ci, les unités de mesure à adopter
sont le mètre linéaire et ses sous-multiples,
quand il s'agira des longueurs; le mètre carré,
l'are et ses multiples, pour les surfaces; et le
mètre cube pour les volumes.

Si l'on a mesuré la surface du bassin hydrographique d'un ruisseau, et que l'on ait mesuré
aussi, au moyen d'un pluviomètre, l'épaisseur
de la couche d'eau pluviale qui est tombée pendant une même précipitation sur une partie ou
sur la totalité de la surface de ce bassin; on
peut calculer facilement le volume d'eau pluviale

qui a été reçu par ledit bassin. Conséquemment, si de ce volume on retranche la partie des eaux pluviales absorbée par le sol ou par l'évaporation immédiate, on pourra déterminer assez approximativement la masse d'eau que le ruisseau aura charriée pendant un temps donné.

Appliquant ce procédé de mesure à tous les affluents d'une même rivière, ou d'un même fleuve, on parviendra à déterminer, dans toutes les circonstances, l'énergie de cette cause, soit à l'égard de la rivière, soit à l'égard du fleuve.

Après avoir réitéré ces opérations un certain nombre de fois dans les mêmes lieux, et après avoir observé chaque fois l'élévation acquise par la rivière ou par le fleuve; l'expérience permettra d'indiquer, approximativement et d'avance, la hauteur qu'atteindra le cours d'eau au-dessus de son étiage, sur tel point plus ou moins éloigné du lieu de l'observation.

Considérons maintenant la cause première qui dépend des aspérités du sol.

Pour celle-ci, les unités de mesure à adopter sont le mètre et ses sous-multiples.

La mesure de cette cause consiste à évaluer l'inclinaison et la longueur des plans. Car, on sait que les corps qui descendent le long d'un plan incliné marchent moins vite que s'ils tom-

bent suivant la verticale; et que le plan incliné
réduit la force d'attraction qui sollicite ces corps
à tomber, dans le rapport de la hauteur à la longueur du plan. De sorte que les corps, en tom-
bant, se meuvent avec d'autant plus de vitesse
que le plan sur lequel ils roulent ou glissent est
plus incliné à l'horizon ; et si le plan est abrupte
ou se rapproche de la verticale, les corps qu'il
dirige dans leur chute marchent avec presque
toute l'énergie que donne la pesanteur.

On sait aussi que les corps qui tombent, roulent, ou glissent sur les plans inclinés prennent
dans leur marche un mouvement qui va toujours
en augmentant, parce que l'attraction terrestre
qui les sollicite est une force continue constante,
dont l'action motrice se répète sur le même
corps pour chacun des instants de la durée de sa
chute.

D'où il suit que les eaux pluviales qui sont reçues par les plateaux élevés, ou par les surfaces
des montagnes, acquerront, dans leur marche
vers les lits des torrents et des ruisseaux, des
vitesses d'autant plus grandes que les plans qui
les dirigent auront plus de longueur, et seront
plus relevés à l'horizon.

Par les mêmes raisons, un cours d'eau, soit
ruisseau, soit rivière ou fleuve, prendra des vi-

tesses très-variables pendant sa marche, suivant que les diverses parties du lit qu'il doit parcourir se présenteront plus ou moins inclinées au plan horizontal.

Les diverses positions des plans peuvent s'évaluer en les rapportant à la verticale et à l'horizontale. Cette évaluation, jointe à la considération de la longueur des plans, donnera l'énergie d'impulsion qui fait marcher les eaux pluviales vers les lits des torrents, dans les ruisseaux, dans les rivières et les fleuves.

2° Causes secondaires ou accidentelles.

Les causes secondaires des inondations doivent être mesurées comme les causes premières.

Tantôt il s'agira d'évaluer la face d'un obstacle, tantôt de mesurer les dimensions d'une trouée ouverte par les eaux.

D'autres fois (et ceci est bien important), il faudra considérer que ce que l'on ôte en largeur au lit d'un cours d'eau doit lui être restitué en hauteur. Car les cours d'eau, dans certaines circonstances, se montrent bien exigeants et ne veulent rien perdre de leurs droits. De sorte que toutes les fois que l'on aura rétréci le lit d'un ruisseau, d'une rivière ou d'un fleuve, on peut s'attendre à des élévations proportionnelles

dans le régime de leurs eaux. Mais à cette considération il faut en ajouter une seconde, savoir :
la force de pression latérale, ou la poussée latérale qui s'accroît dans les masses liquides à mesure que la hauteur verticale augmente.

Dans les trois chapitres qui précèdent nous
avons parcouru l'étude complète des causes des
inondations, savoir : leur définition, leur démonstration et leur mesure. Nous allons voir
dans le chapitre suivant comment se forment les
inondations.

# CHAPITRE V.

—



## Comment se forment les inondations.

La possibilité des inondations ayant été dé-
montrée, on peut expliquer aisément comment
se produisent les inondations dans les plaines qui
occupent les lieux les plus bas.

Cette explication sera bien facile à donner en
nous appuyant sur tout ce qui précède. Nous
pourrions même nous dispenser de la fournir,
tant elle se trouve déjà préparée dans l'exposé
que renferme le chapitre III. Néanmoins, afin
de rendre notre travail plus complet, nous ajouterons ces derniers éclaircissements, mais en
peu de mots.

D'après ce que nous avons dit plus haut, le
rôle que jouent les montagnes de tout ordre, les
plateaux élevés, et les diverses inégalités qui
hérissent la surface des continents, a pour effet
de présenter aux eaux pluviales des pentes qui
les mettent en mouvement et les dirigent dans
des lieux plus ou moins profonds ; de rassembler
en masses de puissance variable les couches de
pluies tombées sur une infinité de points d'un

même bassin hydrographique ; de constituer ainsi et successivement, par la fusion des uns dans les autres, tous les ruisseaux, les rivières et les fleuves, qui vont en s'amplifiant dans leur marche, depuis la source jusqu'à l'embouchure, chaque fois que le cours d'eau principal reçoit un de ses affluents ; enfin, de donner à tous les cours d'eau d'un même grand bassin hydrographique une liaison telle, que ces ramifications de canaux divers aboutissent toutes à une vallée principale qui est leur terme commun, et comme le lieu de rendez-vous général; de même que les rameaux innombrables et les embranchements divers d'un arbre gigantesque se rattachent tous les uns par les autres au tronc principal qui les porte.

De sorte que, en définitive, les eaux pluviales qui sont tombées sur une contrée quelconque d'un vaste bassin hydrographique aboutissent à la grande rivière ou au fleuve dont les eaux vont se confondre avec celles de la mer.

On comprend aisément que ce mécanisme, si admirablement établi, doit amener dans les grands cours d'eau des variations très-considérables, toujours commandées par la cause première ou absolue, savoir : les chutes irrégulières de pluies.

En temps ordinaire, ce mécanisme donne à la moyenne des pluies une distribution telle, que la quantité des eaux pluviales, quoique inférieure à l'évaporation possible, suffise simplement à entretenir les lacs, les Fontaines et le cours perpétuel des ruisseaux, des rivières et des fleuves.

Et lorsqu'il survient des pluies extraordinaires, des pluies diluviennes, le même mécanisme fonctionne sans doute, car il ne peut rester inactif; mais les plis et les dépressions de terrain s'emplissent jusqu'à déborder, et le produit total des diverses ramifications devient immense. Alors le lit principal de la rivière ou du fleuve dans lequel arrivent écumants et furieux les tributs extraordinaires des divers affluents, ne peut plus contenir le volume d'eau qui lui est amené. C'est pourquoi le cours d'eau s'emporte, franchit ses bords, submerge, renverse, entraîne ou détruit tout ce qu'il rencontre sur son passage, et répand ainsi le deuil et la désolation dans les terres et dans les plaines exposées à ses emportements.

Ainsi s'explique aisément la production des inondations dans les plaines qui occupent les lieux les plus bas.

# CHAPITRE VI.

—



## Inondations dans les diverses saisons.

En considérant la distribution des eaux pluviales dans les diverses époques de l'année, on reconnaît, entre autres causes, l'influence de la saison et de la température sur l'abondance de la pluie.

*1° Relativement à la saison.*

Les observations faites sur un grand nombre de localités constatent que, généralement en Europe, l'automne fournit la plus forte proportion de pluie; vient ensuite l'été; puis, le printemps; enfin l'hiver. Mais, l'observation constate aussi que le voisinage de la mer et des montagnes exerce une influence qui peut modifier considérablement cet ordre de distribution des pluies.

Par exemple: sur les terres voisines de la mer soit au Sud, soit à l'Ouest de la France, c'est l'hiver qui est la saison la plus pluvieuse; l'été y est ordinairement très-sec.

Cette espèce d'anomalie s'explique par les raisons suivantes :

Pendant la saison d'hiver, les terres voisines des côtes ainsi que l'air qui se trouve au-dessus de ces terres ont une température beaucoup plus basse que celle de l'eau de la mer et de la couche d'air qui est au-dessus d'elle. Conséquemment, les vapeurs qui s'exhalent de la Méditerranée ou de l'Océan et qui se répandent sur les terres, sont promptement condensées par l'air froid qui les reçoit. C'est pourquoi elles repassent à l'état liquide et tombent en pluie.

Au contraire, pendant la saison d'été, les terres voisines des côtes et la région d'air qui se trouve au-dessus de ces terres ont une température beaucoup plus élevée que celle de la mer et de la couche d'air qui est au-dessus d'elle. Dès lors, les vapeurs qui s'exhalent de la Méditerranée ou de l'Océan et qui se répandent sur les terres, sont reçues par un air plus chaud qu'elles. D'où il suit que ces vapeurs loin de se condenser, comme dans le cas précédent, subissent au contraire une dilatation. Elles ne peuvent donc se liquéfier en ce lieu, à moins d'une circonstance accidentelle.

Voilà pourquoi sur les terres situées au Sud et à l'Ouest de la France il pleut souvent en hiver et rarement en été.

L'hiver est aussi ordinairement pluvieux dans

les départements du Midi de la France. L'été y est généralement très-sec. Néanmoins, l'hiver n'est pas la saison qui donne la plus forte proportion d'eau pluviale dans ces départements ; parce que les pluies d'hiver sont fines et produisent peu, malgré leur persistance. Mais si pendant l'été il survient une pluie d'orage, la précipitation est très-abondante, quoique de courte durée. Aussi il arrive souvent qu'une seule pluie d'été fournit pendant une heure, ou deux heures, autant d'eau que toutes les pluies réunies de trois mois d'hiver. Dans les contrées du Midi de la France l'époque des orages commence vers le milieu du mois d'août, et se prolonge jusqu'au mois d'octobre.

Telles sont les modifications que produit dans l'ordre général de distribution de pluies en Europe le voisinage de la mer.

Mais le voisinage des montagnes modifie aussi cet ordre de distribution des pluies. Les Alpes, les Pyrénées et les montagnes intérieures de la France fournissent des exemples sans nombre de l'influence des montagnes sur la fréquence et sur l'abondance des pluies. Ces grandes élévations sont des points d'arrêt pour les nuages que les vents charrient. De plus, les brouillards formés durant la nuit dans la plaine et dissipés après le

lever du soleil, escaladent les montagnes voisines jusqu'aux cimes les plus élevées, où ils forment par leur réunion comme un immense cha-
peau qui cache les points culminants de ces
hauteurs. Le groupement des nuages sur les
sommets élevés tient à deux causes : l'une, c'est
que les nuages s'élèvent dans l'atmosphère en
vertu de leur légèreté relative, et montent jusqu'à
ce que leur poids spécifique fasse équilibre à celui de la couche d'air qui les porte. Alors ils
peuvent flotter dans la couche horizontale où ils
se trouvent. La seconde est due à l'attraction.
Les nuages qui flottent librement, et qui se trouvent dans la sphère d'attraction de la montagne,
sont sollicités à se rapprocher vers le point atti-
rant, ou ils se réunissent quand ils ne sont pas
emportés par des vents violents.

Par ces diverses causes les nuages épais s'a-
moncèlent sur les crètes des montagnes ; des
orages épouvantables y éclatent et laissent préci-
piter sur ces points élevés des masses d'eau qui
transforment bientôt la plaine en lacs immenses
coupés par des torrents rapides, qui descendent
des montagnes et se croisent en sens divers.

### 2° Relativement à la température.

L'influence de la température sur l'abondance

des pluies doit être aussi admise. Nous savons
que la chaleur favorise l'évaporation, qu'elle
éloigne le point de saturation, et qu'elle donne
à la vapeur la propriété de s'élever dans les hautes régions de l'atmosphère.

C'est pourquoi,

1° L'évaporation doit être d'autant plus abondante que la température est plus élevée;

2° Pendant l'été l'air paraît plus sec que pendant les autres saisons, bien qu'il contienne en
réalité plus de vapeur d'eau qu'à toute autre
époque de l'année;

3° Lorsque la vapeur se condense pendant
l'été, le phénomène de la condensation a lieu
dans les régions supérieures et dans un milieu
où l'élément à condenser abonde.

4° Pendant l'hiver, où la température est ordinairement assez basse et l'évaporation peu
abondante, quoique l'air paraisse plus humide
qu'en été, la condensation de la vapeur s'opère
à de faibles hauteurs, et dans un milieu où la matière à condenser n'abonde pas.

5° Au printemps, où la température est
moyenne et l'évaporation déjà abondante, la
condensation de la vapeur s'opère dans une région moyennement élevée de l'atmosphère, et
dans un milieu où l'élément à condenser commence à s'accumuler.

6° En automne, où la température est encore au-dessus de la moyenne et l'évaporation journalière encore considérable, la condensation de la vapeur s'opère dans une région assez élevée de l'atmosphère, et dans un milieu où se trouvent souvent accumulées des masses de vapeur d'eau provenant des évaporations successives de plusieurs mois d'été, et de celles de l'automne.

La considération du degré de température explique :

Pourquoi les pluies d'hiver sont fines, légères et formées de très-minces et très-étroites gouttelettes qui descendent lentement sous forme de poussière humide tamisée par l'atmosphère.

Pourquoi, au printemps, les pluies peuvent devenir abondantes, si les vents du Sud, du Sud-Ouest ou du Sud-Est viennent à souffler sur les départements méridionaux de la France.

Pourquoi les pluies sont rares en été, et pourquoi des torrents d'eau se précipitent quelquefois de la nue, en très-peu de temps, par une pluie d'orage, ou même par une pluie sans tonnerre du mois de juillet ou du mois d'août.

Pourquoi, enfin, les pluies d'automne sont souvent si abondantes et même d'assez longue durée. Car, on conçoit que, lorsque en automne

la température commence à baisser, il faille plus
ou moins longtemps pour que l'atmosphère ait
restitué à la terre, par des précipitations successives, les masses de vapeur qu'elle a reçues par
les évaporations continuelles et abondantes de
plusieurs mois d'été.

De ce qui précède nous conclurons :

1° Que les inondations d'été sont à craindre
à cause de leur soudaineté et aussi à cause de
l'énorme volume d'eau qui les produit ; mais
qu'elles n'ont pas de durée, parce qu'elles ne proviennent ordinairement que de fortes pluies
d'orage, qui se précipitent subitement, et ne per-
sistent que très-peu de temps sur une même localité.

2° Que les inondations d'automne sont en général considérables, parce qu'elles sont occasionnées par des pluies souvent très-fortes, et qui per-
sistent pendant plusieurs jours. Toutefois, les
inondations d'automne, qui arrivent généralement après l'enlèvement des récoltes, ont pour
l'agriculture des effets moins désastreux que
ceux produits par les inondations du printemps.

3° Que les inondations d'hiver sont les moins
à craindre, parce qu'elles ne proviennent que
de pluies qui sont fines, et qui produisent peu

d'eau, malgré leur fréquence et leur durée. D'ailleurs dans la saison d'hiver la partie des eaux pluviales qui tombe sur les sommets des hautes montagnes y demeure jusqu'à la saison suivante, à l'état de neige ou de glace, et ne descend pas pour grossir les cours d'eau, à moins que des vents chauds ne viennent à souffler.

4° Que les inondations du printemps sont les plus dangereuses, parce qu'elles arrivent au moment où presque toutes les récoltes sont sur pieds, et parce qu'elles proviennent quelquefois de la combinaison de deux actions, savoir : la chute des pluies, et la fonte des neiges et des glaces qui couvrent encore à cette époque de l'année les sommets élevés.

Si au printemps, un vent du Sud, du Sud-Ouest, ou du Sud-Est souffle en France pendant plusieurs jours ; non seulement il amène, avec les vapeurs qu'il a balayées sur la mer, des pluies plus ou moins fortes qui prennent un caractère de généralité, mais ses tièdes haleines fondent les neiges et les glaces. D'où il résulte, comme cela est arrivé en mai 1856, des inondations remarquables soit par leur durée, soit par l'étendue et la grandeur des désastres : lesquelles

frappent douloureusement l'esprit public, et exci-
tent une immense consternation.

Le double effet de la pluie et de la prompte
fusion des neiges et des glaces se fait sentir principalement dans le Rhône, et pendant les deux
saisons du printemps et de l'automne. Ce fleuve
a ses plus forts affluents : la Saône, le Doubs,
l'Ain, l'Arve, l'Isère, la Drome, la Durance,
situées à l'Est de son bassin hydrographique :
tandis qu'il' ne reçoit que le Gard, l'Ardèche et
de faibles cours d'eau du côté de l'Ouest. De
plus, ses grands affluents descendent des ver-
sants des montagnes du Jura et des Alpes qui
sont exposés au couchant. Ces montagnes sont encore couvertes de neiges et de glaces, au printemps ; et, dès les premiers froids de l'automne,
il s'y accumule des masses de neige immenses.
De sorte que si, au printemps ou en automne,
il survient un vent du Sud-Ouest, toujours
chaud et pluvieux, ce vent amène la pluie et fond
promptement des masses énormes de neiges: ce
qui occasionne dans les grands affluents du
Rhône des crues très-considérables.

D'ailleurs, quelques-uns et même les principaux de ces grands affluents, la Saône, le Doubs
et l'Isère, ayant reçu par leur position topographique des parcours qui sont à peu près d'égale

longueur, il en résulte que leurs grosses eaux arrivent en même temps dans le lit du fleuve. Ce qui explique les inondations très-désastreuses de ce grand cours d'eau dans les saisons du printemps et de l'automne.

### RÉSUMÉ DE LA PREMIÈRE PARTIE.

Nous voici arrivé au milieu du trajet que nous devons parcourir. Nous avons indiqué le véritable point de vue de la question; nous avons donné l'étude complète des causes des inondations; nous savons comment se forment les inondations; et nous avons comparé leurs effets dans les diverses saisons.

Le mal est donc complétement connu.

Mais, pour appliquer à ce mal un remède efficace, faudra-t-il détruire les causes premières ou absolues des inondations?

Cela est impossible : la puissance humaine ne saurait obtenir de pareils résultats; car, on ne peut empêcher que les pluies ne tombent capricieusement sur les hauteurs, et que leur agglomération progressive dans les plis du terrain ne forme plus bas d'impétueux courants. On ne saurait non plus abaisser les montagnes et les égaler au sol de la plaine; et en supposant que ce nivellement puisse avoir lieu, il en résulterait un mal pire que le premier : la surface de notre globe deviendrait stérile et inhabitable, parce qu'elle serait desséchée pendant une grande partie de l'année. (2e paragraphe de la 1re proposition, page 57).

Il n'est pas au pouvoir de l'homme de détruire les causes premières des inondations, pas plus qu'il ne nous est permis d'empêcher l'existence de la cause du tonnerre. Cette vérité se trouve suffisamment établie par tout ce qui précède.

Le mal est-il donc sans remède; et ne doit-on opposer que la résignation aux irruptions du fléau et à son œuvre de destruction?

Loin de nous cette pensée désespérante! car, l'admirable harmonie qui règne dans cet univers nous porte à admettre que, pour chacun des maux qui affligent l'humanité, Dieu a placé le remède à côté du mal, et qu'il laisse à l'homme le soin de le découvrir et de l'appliquer.

Sans doute, les causes premières ou absolues des inondations continueront à subsister telles qu'elles sont. Mais on pourra les empêcher d'occasionner aucun dégât, de nuire en aucune manière; et ce sera là un véritable remède à tant de maux.

On pourra combattre victorieusement le fléau des inondations; maîtriser ses causes, diriger l'action de ces causes, et même les contraindre à produire désormais des effets avantageux, utiles à l'agriculture, à l'industrie, au commerce et à l'économie domestique ; trop justes et tardives compensations d'immenses ravages déjà commis par ce fléau.

Les détails qui doivent faire connaître les moyens à employer pour arriver à ces heureux résultats, formeront la matière de la seconde partie de ce mémoire.

# SECONDE PARTIE.

—

# REMÈDE

## QU'IL CONVIENT D'APPLIQUER

## AU MAL.

---

### CHAPITRE VII.

—

### Divers moyens déjà proposés pour combattre les inondations.

La Presse Française a déjà fait connaître les vues de quelques bons esprits sur les moyens propres à combattre les inondations ; elle a publié plusieurs projets fournis par des hommes dont le mérite est incontestable. Les systèmes proposés jusqu'à ce jour, et dont nous avons eu connaissance, sont les suivants :

1° Arrêter temporairement, selon le besoin, le Rhône supérieur, en barrant la détente du lac de Genève.

2° Digues criblantes en gros blocs et pierrailles établies au travers des torrents.

3° Système de gros blocs disposés longitudinalement, et de loin en loin, dans les lits des rivières.

4° Digues insubmersibles, construites sur les deux rives des fleuves pour encaisser et contenir leurs eaux dans toutes les circonstances.

5° Dérivations des rivières et des fleuves, au moyen de divers canaux pratiqués sur les deux bords, et destinés à conduire des irrigations dans les plaines.

6° Colmatage des terres par le moyen des canaux destinés à recevoir le trop plein des cours d'eau pendant les inondations,

7° Reboisement des montagnes proposé pour empêcher les inondations.

8° Couper, au moyen de deux canaux navigables, et à grande section, cheminant l'un sur la rive droite, et l'autre sur la rive gauche, tous les affluents du cours d'eau principal.

9° Planter sur les bords des rivières et des fleuves plusieurs rangées d'arbres à haute et à courte tiges, en ayant soin de livrer au cours d'eau un lit suffisamment large pour qu'il puisse s'étendre au moment des grandes crues; et substituer ainsi le plus possible ces digues

vivantes qui vont toujours croissant en force
aux digues de pierres et aux travaux d'art qui
se détériorent d'une année à l'autre, et qu'il faut
sans cesse entretenir.

Notre intention n'est pas de discuter longuement ici ces divers projets, parce que le présent mémoire ne comporte pas une longue dis-
cussion qui n'est point exigée par le.programme
de l'Académie; nous dirons seulement que :

Le premier projet, celui qui consisterait à
arrêter le Rhône supérieur, par le barrage du lac
de Genève, est une excellente idée qui s'agran-
dit à la pensée des résultats probables d'un
pareil ouvrage. Mais elle n'a pas d'application
générale, parce qu'elle ne s'attache qu'à une
localité, qu'à un fait topographique, qui n'a point
ou peu d'analogues dans le monde.

Le deuxième projet ne nous paraît qu'un faible palliatif. Il pourra diminuer sensiblement la
vitesse des torrents sur certains points; mais
un peu plus tard, ou un peu plus tôt, le régime
s'établira, et les eaux arriveront dans le lit principal. Nous pensons que ce moyen n'atteindrait
pas le but proposé; il ne saurait empêcher ni
diminuer les inondations.

Le troisième moyen nous semble plus dangereux qu'utile. On comprend en effet, que tout

obstacle que l'on oppose à l'eau dans sa marche doit être pour ce liquide une cause irritante. Ne conviendrait-il pas mieux, au contraire, de laisser à l'eau son libre cours, et même de faciliter sa marche en déblayant, en purgeant les lits des rivières et des fleuves de tous les obstacles qui les encombrent çà et là ?

Le quatrième projet nous paraît d'une exécution difficile, à cause des dépenses énormes qu'il exigerait. D'ailleurs, dans notre opinion, les digues de défense construites sur les berges et dans les lits des rivières et des fleuves sont en général plus nuisibles qu'utiles.

Le cinquième et le sixième nous semblent renfermer de très-bonnes idées et très-applicables. Mais, dans plusieurs circonstances, ils présenteraient des difficultés réelles, et des inconvénients qui rendraient l'emploi de ces moyens nuisible ou inutile.

Par exemple; pour que, dans les grandes inondations, le cinquième moyen pût diminuer seulement de la moitié le volume du cours d'eau, les canaux de dérivation devraient transporter et répandre, sans causer des dégâts, cette quantité d'eau sur une surface équivalente à environ la moitié de l'étendue superficielle du bassin qui a produit la crue en ce point. Or, une plaine aussi vaste ne se trouverait pas toujours dans le voisinage ou dans la contrée. De plus, il pourrait arriver souvent que les terres qui seraient à portée de recevoir ces irrigations, se trouvassent, en ce moment, saturées d'eau provenant de la pluie. Et alors ce surcroît d'irrigation deviendrait une véritable inondation pour ces terres; et de grands dégâts auraient inévitablement lieu, si le phénomène se passait dans la saison où toutes les récoltes sont pendantes, comme en mai 1856.

Et pour que le sixième moyen présentât une application efficace, il faudrait que le colmatage pût avoir lieu dans toutes les saisons, et dans toutes les terres riveraines. Or, ce n'est guère qu'en automne ou en hiver, et dans les champs qui doivent rester en jachère, que l'on pratique cette opération.

Le septième moyen n'empêcherait pas les inondations. Il donnerait plus de régularité au débit des sources et par suite au régime des rivières et des fleuves; il modifierait la soudaineté des grandes crues en contraignant les eaux pluviales à se répandre dans les vallées avec moins de violence. Mais ce moyen, d'une extrême lenteur à produire ses effets, et dont le complet développement exigerait plusieurs siècles, ne saurait empêcher dans tous les cas les inondations. La preuve que le reboisement des montagnes n'empêcherait pas les inondations, se trouve dans les faits plus ou moins anciens de débordements remarquables rapportés par l'histoire, et qui ont eu lieu pour différents cours d'eau depuis l'an 379 jusqu'à l'année 1791 ; c'est-à-dire, bien avant que l'on eût commencé à déboiser les montagnes. Ces faits remarquables de débordements anciens ont déjà été cités dans les pages qui servent d'introduction à ce mémoire.

Le huitième moyen proposé consiste évidemment à faire deux fleuves d'un seul fleuve. Il faudrait creuser deux canaux assez larges et assez profonds pour qu'ils pussent contenir les eaux du fleuve, même dans les plus grandes crues. Mais ce qui arrive pour le cours d'eau déjà existant, n'arriverait-il pas pour ces canaux ? Ce huitième moyen nous paraît exiger le creusement de deux nouveaux lits de fleuve sans lever la difficulté.

Le neuvième projet renferme d'excellentes vues. On peut en tirer certainement quelque chose de bon et de très-applicable dans beaucoup de localités. Mais, comme il n'attaque pas le mal à la racine, il n'empêcherait pas les inondations.

Tels sont les projets déjà publiés, et dont la Presse Française nous a donné connaissance.

Sans doute des uns ou des autres on pourrait tirer quelque utilité. Il y a bien dans leur ensemble de bonnes idées, des vues assez larges. Mais, dans le fond, tous ces projets ne présentent que des demi-mesures.

Ils n'assurent pas l'efficacité du moyen et manquent de généralité dans les applications.

# CHAPITRE VIII.

—



## Influence de certains travaux.

A la revue succincte que, dans le chapitre précédent, nous venons de faire des moyens déjà proposés pour combattre les inondations, nous ajouterons que, en thèse générale, tous les travaux, tous les ouvrages qui sont de nature à arrêter les eaux et à les faire passer lentement de l'extérieur à l'intérieur du sol, tels que les barrages des torrents et la dérivation des cours d'eau pour les irrigations; le drainage, le creusement des puisards, boitouts, ou bétoires, qui créent des cours d'eau souterrains; le colmatage des terres, comme aussi tous les procédés, toutes les opérations qui tendent à diviser et à subdiviser les masses d'eau et à les répandre en minces couches sur de vastes surfaces, peuvent devenir des auxiliaires plus ou moins utiles dans le combat que l'on se propose aujourd'hui de livrer au fléau des inondations.

Les barrages des torrents et des petites rivières auront une grande utilité, pourvu que de ces barrages partent des canaux destinés à dévier les eaux de leur lit ordinaire, et à les disperser sur de vastes surfaces.

La dérivation des cours d'eau pour le service des irrigations aura aussi la même utilité.

Le drainage est un procédé absorbant qui fait passer les eaux de l'extérieur à l'intérieur du sol, et crée des cours d'eau souterrains. Ces sortes de courants, dirigés par des tubes, produisent des Fontaines constantes ou inconstantes, dans des lieux situés plus bas. Ils débarrassent ainsi de leur humidité les surfaces supérieures, et les rendent aptes à absorber une plus grande quantité d'eau pluviale.

Les puisards, boitouts ou bétoires boivent les eaux pluviales, et sont l'origine de nouveaux courants souterrains, qui vont surgir en Fontaines sur divers points inférieurs.

Le colmatage étend sur de grandes surfaces le trop plein des torrents et des ruisseaux, lors des fortes pluies. C'est un moyen de subdiviser les eaux, de diminuer leur force d'entraînement, de les absorber, et de leur ôter ainsi le pouvoir de causer des désastres.

Il est bien évident que tous les ouvrages, que toutes les opérations qui ont pour objet d'arrêter les eaux, de les absorber, ou de les répandre en minces couches sur de vastes surfaces, ont leur utilité contre les inondations, parce qu'ils tendent à diminuer la puissance du fléau.

Les puits artésiens même, dont quelques-uns font jaillir des sources puissantes et capables de donner naissance à de nouvelles rivières, ont aussi leur utilité contre les inondations. Car, c'est d'abord un moyen de déplacer les eaux, et de les porter dans des lieux où elles ne peuvent point nuire, et où elles sont au contraire d'un grand secours. En second lieu, c'est un moyen de rendre plus absorbantes les prises d'eau des colonnes hydrostatiques qui communiquent par des nappes souterraines aux tubes artificiels de ces puits forés. On conçoit en effet, que les tranches des couches perméables, qui se montrent à nu et s'épanouissent sur les sites élevés, devront absorber les eaux pluviales ou torrentielles avec d'autant plus d'activité que les nappes d'eau souterraines qui sont alimentées par ces tranches perméables trouveront un plus puissant débouché.

Les mines, surtout les mines en formes de puits, ont une utilité analogue à celle des puits artésiens. Car les travaux des mines percent souvent des conduits souterrains, et donnent issue à des sources cachées, qui bientôt inondent les galeries et les puits. On se débarrasse de ces eaux au

moyen de pompes, ou quelquefois au moyen
d'un canal souterrain qui va déboucher dans le
lit d'une rivière. Mais, que ce soit par le moyen
de pompes, ou par un canal souterrain, que l'on
débarrasse la mine de ces eaux, c'est un nouveau cours d'eau qui est créé à l'extérieur, et
qui sera plus ou moins constant. Ce nouveau
cours d'eau rendra plus absorbantes les tranches des couches perméables qui alimentent le
courant souterrain.

Quant aux chemins de fer; leurs chaussées
présentent le pour et le contre dans la question
des inondations.

En effet :

Les chaussées des chemins de fer peuvent
arrêter momentanément les eaux pluviales qui
leur sont amenées par les pentes supérieures.
Ces eaux ne descendront sur les pentes inférieures, qui sont de l'autre côté de la chaussée,
qu'avec lenteur et après avoir filtré à travers la
base de la chaussée. C'est là une utilité des
chaussées sur lesquelles sont établies les voies
ferrées.

Mais, lorsque les chemins de fer sont situés
assez près des grands cours d'eau, leurs chaussées (si elles sont massives et non découpées en
un nombre suffisant d'ouvertures), gênent le

développement du fleuve dans le moment des grandes inondations. C'est là une cause irritante, qui donne plus de force au cours d'eau, et qui le rend capable de commettre plus de dégâts qu'il n'eût fait sans la présence de cette barrière, faible et malencontreux obstacle qu'il renverse ou détruit sur plusieurs points, et dont il disperse çà et là les divers éléments. Un fait de cette nature a eu lieu, en mai 1856, pour le chemin de fer de Tarascon, que le Rhône a ravagé sur une longueur de plusieurs kilomètres, entraînant les rail-ways, et les abandonnant ensuite dans un pêle-mêle et un désordre impossibles à décrire.

A ce qui précède nous devons ajouter quelques mots sur l'utilité des observations pluviométriques. Sans doute, ces observations ne peuvent fournir le moyen d'empêcher les débordements des cours d'eau; mais elles font prévoir, plusieurs jours d'avance, la hauteur des crues, et peuvent ainsi contribuer puissamment à prévenir une partie des maux qu'entraînent après elles. les inondations.

M. Ch. Martins, professeur à la faculté de médecine de Montpellier, propose l'établissement de nombreux pluviomètres dans les bassins hydrographiques des grandes rivières et des fleuves.

C'est là une excellente idée. L'exécution de ce projet coûterait peu de chose, et rendrait de suite d'immenses services, en attendant que les travaux de notre système eussent reçu leur complet développement.

Un exemple remarquable vient à l'appui de cette idée de M. Martins.

La ville de Lyon possède, depuis 1844, une commission hydrométrique dérigée par MM. Fournet et Lortet. Cette commission a fait établir 15 pluviomètres dans les bassins de la Saône et du Doubs. Ce petit nombre d'appareils a suffi pour faire prévoir la crue qui doit avoir lieu à Lyon, après chaque pluie abondante qui tombe dans les bassins hydrographiques de ces deux rivières; et la commission, avisée par la poste aux lettres ordinaire, a pu toujours prévenir de cette crue, deux ou trois jours d'avance, les habitants des quais de la Saône.

Maintenant que la télégraphie électrique transmet les dépêches avec une rapidité infiniment supérieure à celle de la poste ordinaire servie par des chevaux, la commission hydrométrique peut recevoir instantanément avis de l'épaisseur de la couche de pluie mesurée par tel ou tel autre pluviomètre; ce qui permet à cette commission de prévenir les populations de la

crue qui aura lieu, plusieurs jours avant que
cette crue se manifeste.

Un réseau pluviométrique uni par les lignes
de télégraphie qui existent, et établi dans les
bassins hydrographiques des grands cours d'eau,
donnerait des avis simultanés d'un très-haut
intérêt. Ces avis ne fourniraient pas le moyen de
sauver les récoltes pendantes; mais ils permet-
traient de diminuer considérablement les effets
désastreux des inondations.

Ainsi averties à temps, les populations voisines des grandes rivières et des fleuves pourraient s'éloigner du théâtre des dévastations,
emmener les bestiaux, enlever les provisions,
les marchandises en magasins, et éviter par là
une grande partie des malheurs qu'entraînent
après eux les débordements des rivières et des
fleuves.

Afin de remplir le programme de l'Académie,
nous ajouterons à ce chapitre quelques mots
sur l'influence du déboisement des montagnes et
du défrichement des forêts.

Le déboisement des montagnes et le défrichement des forêts ne peuvent avoir que des
influences désastreuses dans le fait des inondations, lorsque ces opérations ou ces travaux
s'appliquent à des pentes rapides, où le sol est

entraîné dans les lits des ruisseaux et des rivières, où la culture ne saurait 'être longtemps
possible à cause de la déclivité des surfaces et
de la corrosion des eaux. Ce sont des auxiliaires
ennemis dont il importe de diminuer le nombre
autant que possible. Car, il est à la connaissance
de ceux qui fréquentent les forêts (et le phéno·
mène est d'ailleurs facile à comprendre), que, si
une forêt est bien boisée ; avant que toutes les
feuilles aient été mouillées par l'eau de la pluie ;
avant que l'écorce des rameaux, des branches
et du tronc de chaque arbre ait été imprégnée;
avant que toutes les plantes, les arbustes, les
bruyères, les genêts, les mousses, le gazon, et
l'humus provenant des détritus de toutes ces
végétations aient été saturés d'eau ; une averse
même considérable se trouve complétement
absorbée : les eaux de cette pluie n'ont sillonné
nulle part le sol de la forêt.

D'où il suit que, si l'on déboise les montagnes
en pentes rapides, les précipitations de pluies
ne rencontreront plus sur ces lieux les mêmes
matières absorbantes; et si de plus on transfor-
me en terres défrichées le sol de ces forêts, les
eaux pluviales un peu fortes ne trouveront plus
les mêmes obstacles à leur réunion et à leur
marche. Elles creuseront de larges sillons et des

ravins dans ces terres ameublies ; et elles se
précipiteront vers les lieux situés plus bas, pour
aller grossir les torrents et les rivières. La corrosion des eaux finira par mettre à nu les
rochers ; et ces surfaces en pentes rapides
deviendront stériles. Mais les inconvénients
dont nous venons de parler n'ont pas lieu, lorsque les opérations de déboisement et de défrichement sont appliquées à des surfaces assez
vastes, et dont la position s'éloigne peu de l'horizontale. Au contraire, on reconnaît que les
déboisements et les défrichements, en somme,
ont été avantageux à notre richesse actuelle.

En effet :

Nous savons que les bois disparaissent à
mesure que la civilisation fait des progrès ; et
il est constaté que, depuis bien des années et
dans beaucoup d'endroits, les propriétaires con-
tinuent à déboiser et à défricher.

Qu'est-il résulté de ces opérations ?

Que les produits des forêts abattues les premières se sont doublés depuis l'abattage ; que
les terres défrichées ont produit des récoltes
capables de dédommager, dès la première année,
le propriétaire de toutes ses dépenses de défrichement ; que ces terres loin d'avoir éprouvé,
par l'entraînement des surfaces, une diminu-

tion de valeur, n'ont pas cessé de se couvrir de
belles céréales ou de plantes fourragères;

Et qu'enfin l'agriculture s'est enrichie dans
une foule de localités.

Toutefois, ces progrès, quelque satisfaisants
qu'ils paraissent, et quelle que soit d'ailleurs
l'augmentation qu'ils aient apportée à notre
richesse actuelle, ne se sont pas accomplis pour
le mieux. Car, la disparition des forêts a dû produire, en ce qui concerne l'humidité et la sècheresse, des effets météorologiques beaucoup plus
grands et plus nuisibles qu'on ne le croit com-
munément.

En effet : les forêts qui ont disparu exerçaient
une action très-grande et très-utile; elles rete-
naient l'humidité, et mettaient un obstacle à l'évaporation. Toute la masse du sol où se forment les
sources et d'où sortent les fontaines, s'impré-
gnait d'eau peu à peu ; et les ruisseaux, les rivières et les fleuves recevaient par là même, pendant la saison d'été, une alimentation plus constante ; ainsi que le fait remarquer M. l'ingénieur
Dausse, dans un intéressant travail inséré aux
annales des ponts et chaussées, année 1842,
page 184.

D'où nous pouvons conclure que, dans les
temps plus ou moins anciens et avant que l'on

eût commencé à déboiser et à défricher les forêts,
la sècheresse qui nous attriste maintenant, presque tous les étés, désolait beaucoup moins alors
les champs et les prairies ; et que les cours d'eau
étaient alimentés, pendant la saison des cha-
leurs, plus abondamment et plus régulièrement
qu'ils ne le sont de nos jours.

# CHAPITRE IX.

—

## Appréciation numérique du volume d'eau qui fait déborder les rivières et les fleuves.

D'abord, nous ferons remarquer ici, comme un point essentiel, que la quantité de pluie qui tombe annuellement, s'écoule de trois manières.

Une partie est absorbée par le sol et produit des sources, des Fontaines qui se réunissent en ruisseaux, en rivières, et forment successivement des fleuves qui vont à la mer.

Une autre partie (principalement dans les pluies d'orage), glisse seulement sur le sol, roule en torrents passagers qui vont grossir momentanément les rivières et les fleuves.

Une troisième partie se dissipe par l'évaporation immédiate, soit au-dessus des surfaces liquides, soit au-dessus des surfaces terreuses humides.

En second lieu, nous dirons que, d'après les calculs et les observations des Académiciens Perrault et Mariotte, la quantité moyenne d'eau pluviale est sextuple, ou même octuple de la dépense de la Seine. D'ou il suit que dans le bassin hydrographique de la Seine, les 5/6 ou même les 7/8 des eaux pluviales sont employés à entretenir l'humidité dans le sol, à fournir à la dépense de végétaux, comme aussi à l'évaporation journalière qui a lieu à la surface de la terre humide, ainsi qu'au-dessus des surfaces liquides.

Sans doute la quantité relative d'eau pluviale qui arrive dans les lits des rivières n'est pas la même dans toutes les localités. La nature des terrains, la disposition des surfaces, les plaines et les montagnes peuvent causer des différences très-sensibles, en présentant çà et là des circonstances plus ou moins favorables au rassemblement des eaux pluviales. Pour certaines localités situées en pentes très-rapides, c'est la presque totalité si le terrain est compacte et peu absorbant; pour d'autres, c'est la moitié; et pour d'autres c'est une partie bien moindre des eaux pluviales qui se rend dans les lits des rivières. Toutefois, il est constaté par des observations faites sur plusieurs lieux que la quantité d'eau charriée par les rivières est inférieure à la moyenne annuelle des pluies qui tombent dans les bassins hydrographiques des cours d'eau.

D'ailleurs, les différences très-sensibles que l'on remarque dans les petits cours d'eau considérés isolément, se fondent en une résultante de tous les affluents, quand il s'agit du bassin hydrographique d'une grande rivière ou d'un fleuve ; et cette résultante est une faible fraction de la quantité moyenne annuelle des eaux pluviales que reçoit ce bassin.

Nous ne considérerons ici des eaux pluviales que la portion qui se rend dans les cours d'eau extérieurement, et en suivant les surfaces en pentes des terrains.

Or, d'une part ;

Cette portion est généralement bien inférieure à la quantité moyenne des eaux pluviales. C'est là un fait bien établi.

Et d'autre part ;

La quantité d'eau qui fait déborder les rivières et les fleuves est relativement très-faible, ainsi qu'il est facile de le démontrer.

En effet :

Il suffit généralement que le volume moyen des eaux d'une rivière ou d'un fleuve devienne double, ou triple, ou quadruple, pour que ce cours d'eau franchisse ses berges, ses digues et occasionne d'affreux désastres ; et il est de notoriété d'observation que cet état de crue exceptionnelle ne persiste guère que pendant quelques heures seulement, ou pendant quelques jours.

Les crues sont souvent énormes et spontanées dans les rivières très-voisines des montagnes et dont le parcours est médiocrement prolongé ; mais aussi l'écoulement y est prompt et se termine en très-peu de temps.

Dès que l'orage a cessé, le cours d'eau se hâte de rentrer dans son lit ordinaire. C'est ce qui a lieu généralement pour les cours d'eau torrentiels.

Dans les rivières et les fleuves qui coulent plus ou moins loin des montagnes et dont le parcours est très-long, les crues sont ordinairement moins subites, et leur persistance est plus durable.

Or, d'une part ;

Cette quantité d'eau, qui vient de temps à autre et exceptionnellement s'ajouter au volume moyen du cours d'eau, et qui le force a sortir de son lit pour se répandre dans les champs voisins, n'est que peu de chose relativement à la masse totale des eaux que cette rivière, ou ce fleuve charrie, dans son état normal, pendant une année entière. Car, dire que un cours d'eau, dont le volume ordinaire était devenu double, ou triple, ou quadruple, a persisté à couler en cet état de crue pendant deux ou trois jours ; c'est dire que ce cours d'eau a fourni, pendant ces trois jours, tout au plus quatre fois autant d'eau qu'il en débite ordinairement. Ce qui donne, pour chaque jour de la crue, trois journées de débit en sus ; ou neuf journées de débit en sus pour toute la durée de cet écoulement extraordinaire.

Et d'autre part ;

Si l'on pouvait ôter seulement la moitié de cette quantité additionnelle des eaux pluviales qui vient exceptionnellement occasionner des inondations ; il n'y aurait pas de débordements dans les bassins hydrographiques des cours d'eau qui auraient éprouvé cette réduction de volume. Cela est assez évident ; car on conçoit que, par cette soustraction, on aurait supprimé le volume d'eau qui se répand au dehors des lits des rivières et des fleuves. Cette considération réduit à la moitié le débit des neuf journées dont nous venons de parler ; soit à quatre journées et demie.

D'où l'on voit que cette quantité d'eau additionnelle qui survient de temps à autre dans les lits des rivières et des fleuves et qui occasionne des inondations, n'est pas 1/30 des eaux pluviales destinées à couler pendant une année entière dans les lits de ces cours d'eau : et pour beaucoup de localités elle en est une partie bien moindre.

Et n'oublions pas de rappeler en passant que la quantité d'eau destinée à couler pendant une année entière dans les lits des cours d'eau n'est qu'une faible fraction de la quantité moyenne annuelle des eaux pluviales.

Conséquemment, et pour la généralité des contrées de la France, le volume d'eau qui fait déborder les rivières et les fleuves n'est environ que 1/80 de 1/8 ou 1/640 de la quantité moyenne annuelle des eaux pluviales.

Cette faible quantité d'eau qui fait déborder les rivières et les fleuves passerait inaperçue, si elle était partagée également entre tous les jours de l'année; *et elle ne doit son importance qu'à son agglomération soudaine.*

Le résultat numérique que nous venons de trouver, fait déjà prévoir la possibilité d'arrêter une quantité d'eau relativement si faible. Le chapitre suivant indiquera les moyens à employer pour opérer la retenue de cette partie des eaux pluviales.

Au surplus, ce résultat numérique 1/640, que nous donnons comme notre assertion personnelle, n'est pas une hypothèse; car il a été amené en nous appuyant sur des faits connus, ou du moins bien avérés.

Pour se convaincre de son exactitude, il suffit

de considérer que, par des observations nombreuses, par des opérations soignées et des calculs exacts, on a constaté les faits suivants dans les quatre grands bassins hydrographiques de la France,

*1° Bassin du Rhône.*

A son étiage, le Rhône roule, au pont de Saut, 220$^m$ cub. d'eau par seconde ; à Lyon, 250$^m$ cub. Ce nombre s'élève à 320$^m$ cub. après que le fleuve a opéré sa réunion avec la Saône ; il est de 415$^m$ cub. au Pouzin, par l'addition de l'Isère et de la Drome ; de 426 à Viviers ; de 460 à Avignon (420, d'après M. d'Armand) ; et seulement de 430 à Arles, à cause de la dérivation du petit Rhône, qui enlève au cours principal environ 1/4 de ses eaux.

Son débit dans les eaux moyennes, est, au pont de Saut, de 620$^m$ cub. ; à Lyon, en amont de la Saône, d'environ 650$^m$ cub. ; et par les deux embouchures (le grand et le petit Rhône), ce fleuve verse à la mer 2200$^m$ cub. d'eau.

Dans les hautes eaux ordinaires, le niveau étant à 3$^m$,50 sur l'étiage, le Rhône, à Lyon, verse 2000$^m$ cub. à 2500$^m$ cub d'eau par seconde; et l'on a calculé que, pendant la crue du 12 juillet 1815, son débit s'était élevé à 5000$^m$ cub., et, pendant celle du 2 novembre 1840, à 6000$^m$ cub. par seconde.

Pendant la crue de mai 1856 le Rhône a débité à Lyon, au-dessous de la Saône, 7500$^m$ cub. par seconde.

Pour le Rhône pris à Valence, voici des documents qui ont été fournis par M. l'Ingénieur de la navigation du Rhône, à Valence.

Le 0$^m$ de l'échelle de Valence est placé au niveau des plus basses eaux connues.

Le niveau du Rhône pris à Valence s'élève au-dessus de l'étiage :

De 1$^m$,90 lors des eaux moyennes ;

De 4$^m$, à 4$^m$,25 pendant les hautes eaux ordinaires du printemps ;

De 4$^m$,50 à 5$^m$, pendant les hautes eaux ordinaires d'automne ;

De 6$^m$ à 7$^m$, pendant les crues exceptionnelles.

Le 2 novembre 1840, le niveau du Rhône s'est élevé à 6$^m$,70 au-dessus de l'étiage.

Le 15 mai 1856, il était à 5$^m$,40 au-dessus de l'étiage ;

Et le 31 mai 1856 il est monté à 7$^m$.

Les débordements commencent à 4$^m$,75 au-dessus de l'étiage, si la progression est croissante, et se terminent à ce niveau, si la progression est décroissante.

Le débit du Rhône à Valence est de :

400$^m$ cub. par seconde, à l'étiage ;

1600$^m$ cub. par seconde pendant les eaux moyennes.

Comme cette expression *eaux moyennes* ne désigne rien de bien précis, de bien arrêté, on pourrait prendre aussi bien une moyenne un peu plus forte qui se rapprocherait peut-être davantage du débit le plus ordinaire.

Le Rhône pris à Valence débite :

4800$^m$ cub. pendant les hautes eaux ordinaires.

Le 2 novembre 1840 le débit a été de 9000$^m$ cub. par seconde ;

Le 31 mai 1856 le débit a été de 9500$^m$ cub. par seconde.

A la hauteur de 4$^m$,75 au-dessus de l'étiage, le Rhône débite 5300$^m$ cub. par seconde.

Pour 2$^m$,25 de surplus de hauteur au-dessus de 4$^m$,75, le débit du Rhône s'élève de 5300$^m$ cub. à 9500$^m$ cub. par seconde.

La différence des deux débits est de 4200$^m$ cub.

L'inondation du 31 mai 1856 est la plus forte que l'on connaisse de mémoire d'homme. Elle a persisté pendant 3 heures seulement à la hauteur de 7$^m$ au-dessus de l'étiage, débitant 9500$^m$ cub. par seconde. Mais elle s'est maintenue pendant 3 jours au-dessus de 6$^m$. Ensuite elle a mis 8 jours pour descendre du point 6$^m$ jusqu'au point 4$^m$,75 au-dessus de l'étiage. Le débit total pendant les onze journées d'inondation a été de 6,523,000,000$^m$ cub.

L'inondation du 18 mai 1856 a duré 5 jours, et a fourni un débit total de 2,497,000,000$^m$ cub. Cette inondation, émissaire pour ainsi dire de celle du 31 du même mois, a imprégné profondément, au loin et au large, les bassins hydrographiques d'une foule d'affluents du Rhône; de sorte que les pluies qui sont tombées pendant les derniers jours de ce même mois ont fourni un écoulement abondant, et qui a persisté longtemps, parce que ces pluies ont été reçues par des terres déjà saturées d'eau, qui n'ont exercé sur ces dernières précipitations de pluies que très-peu ou point d'absorption. Cette circonstance explique l'énormité de l'inondation du 31 mai qui est survenue quelques jours après celle du 18 du même mois.

2° Bassin de la Garonne.

A Toulouse, la Garonne, à l'étiage, roule 60$^m$ cub. d'eau par seconde.

Dans l'état moyen de ses eaux, son débit est de 150$^m$ cub. par seconde.

Lors des plus grandes eaux, le niveau peut s'élever, à Toulouse, à 7$^m$ au-dessus de l'étiage.

A Tonneins, pendant la crue de 1770, les eaux sont arrivées à 10$^m$,24 au-dessus de l'étiage, et le débit a été de 10500$^m$ cub. par seconde.

Le débit correspondant à 0$^m$ de l'échelle de Tonneins est de 40$^m$ cub. par seconde.

Voici divers jaugeages de la Garonne faits à Tonneins par M. Baumgarten, ingénieur de la navigation de la Garonne, en 1847.

Débit à  0$^m$. . . . . .    40$^m$ cub. par seconde;
  à  2 . . . . . .  510
  à  3 . . . . . .  931
  à  4 . . . . . .  1426
  à  5 . . . . . .  1970
  à  6 . . . . . .  2500
  à  7 . . . . . .  3400
  à  8 . . . . . .  4400
  à  9 . . . . . .  6900
  à  10$^m$,24 . . . 10500

Les débordements de la Garonne commencent, à Tonneins, à 6$^m$,40 au-dessus de l'étiage. Le débit, à cette hauteur, est de 3000$^m$ cub. par seconde.

D'après 15 années d'observations faites à Tonneins le débit annuel de la Garonne se distribue ainsi :

| | | |
|---|---|---|
| 70 journées | eaux basses, | Le module, ou débit moyen journalier, de la Garonne à Tonneins, est de 680$^m$ cub. par seconde. |
| 145 id. | eaux moyen., | |
| 142 id. | hautes eaux, | |
| 9 id. | débordem. | |
| 366 | | |

*3° Bassin de la Loire.*

A l'étiage, la Loire offre les détails suivants :

A St-Just et à Andrezieux, 6$^m$ cub. par seconde;

A Roanne, 7$^m$ cub. par seconde;

Après avoir reçu l'Allier, au Bec-d'Allier, à 8 kilomètres environ au-dessus de Nevers, la Loire débite, à l'étiage, 30$^m$ cub., d'après M. de Marny, actuellement ingénieur en chef de la Loire.

A Briare et à Orléans, le débit, à l'étiage, est de 50$^m$ cub., d'après M. Dausse.

Dans les grandes crues, son débit, à Roanne, peut s'élever à 4000$^m$ cub.

Pendant les plus grandes crues, le débit de la Loire est, au Bec-d'Allier, de 7000$^m$ cub. par seconde, d'après M. de Marny.

Ce débit est de 10000$^m$ cub. à Ancenis.

C'est surtout en hiver que les inondations de ce fleuve sont à craindre.

Le 8 août 1825, très-basses eaux. La Loire est à $0^m$ de son échelle à l'écluse du canal de Digoin.

Lors des eaux moyennes, le niveau de la Loire est à $0^m,97$ de la même échelle du canal de Digoin.

Le 18 février 1841, la Loire était, à Roanne, à $6^m,6$ sur l'étiage.

Le 18 octobre 1846, le niveau était à $7^m,40$ à Roanne, et le débit $7300^m$ cub.

En général, la Loire présente de grandes différences entre son débit pendant les eaux moyennes et son débit lors des grandes crues. Ces différences s'expliquent par les considérations suivantes : d'une part, cette rivière n'est pas alimentée, comme le Rhône et autres cours d'eau, par des sources puissantes et permanentes telles que la fonte continuelle des glaciers et des neiges perpétuelles ; et d'autre part, son bassin hydrographique est très-long et très-large. D'après cela on conçoit que le débit de la Loire doive être assez faible en temps ordinaire, et qu'il puisse prendre des proportions énormes, si de grandes pluies se précipitent dans son propre lit, ou dans les bassins de ses nombreux affluents.

*4° Bassin de la Seine.*

A Paris, cette rivière donne 75$^m$ cub., à l'étiage ; 250$^m$ cub., dans son état moyen ; et dans ses grandes crues (juillet 1615), 1400$^m$ cub. par seconde.

Voici des documents que nous avons reçus de M. ***, actuellement ingénieur en chef de l'Aube.

Les renseignements pour le relevé journalier des eaux de la Seine, à Troyes, ne sont bien complets que depuis 1848.

La Seine prise à Troyes débite, à l'étiage, 4$^m$ cub., 496 par seconde. Ce chiffre est la moyenne entre les débits *minima* dans chacune des années de 1848 à 1855 inclusivement. Le minimum absolu de l'étiage dans ces 8 années est de 2$^m$ cub. 735. Ce minimum a eu lieu le 1$^{er}$ août 1848.

Dans l'état moyen des eaux, la Seine débite 20$^m$ cub. par seconde. Ce chiffre est celui qui se rapproche le plus du débit le plus ordinaire.

Dans les hautes eaux ordinaires, le débit est de 125$^m$ cub., 910. C'est la moyenne entre les débits *maxima* dans chacune des 8 années de 1848 à 1855.

Pendant les plus grandes eaux, la Seine, à Troyes, débite 186$^m$ cub., 570. C'est le maximum absolu du débit dans les 8 années. Ce maximum a eu lieu le 30 janvier 1850.

On se rappelle une crue plus forte qui a eu lieu au printemps de 1836. Elle n'a pas été jaugée, mais son débit a dû certainement dépasser 200$^m$ cub. par seconde.

*Résumé et Vérification.*

Les documents ci-dessus établissent que le débit total du Rhône pendant les 11 journées consécutives de l'inondation du 31 mai 1856 a été de 6,523,000,000$^m$ cub.

Cette somme se compose de trois parties, savoir :

1° de 1,520,640,000$^m$ cub., débit total pendant 11 jours consécutifs et provenant des eaux moyennes, c'est-à-dire lorsque le niveau est à 1$^m$,90 au-dessus de l'étiage, point où le débit est de 1600$^m$ cub. par seconde ;

2° de 3,516,480,000$^m$ cub., volume total fourni pendant 11 jours consécutifs par la lame liquide de 2$^m$,85 d'épaisseur et comprise entre 1$^m$,90 au-dessus de l'étiage et 4$^m$,75 ;

3° de 1,485,880,000$^m$ cub., débit total fourni pendant 11 jours consécutifs par la couche d'eau dont l'épaisseur a varié entre les deux niveaux 4$^m$,75 et 7$^m$.

Cette dernière partie, soit 1,500,000,000$^m$ cub. en nombre rond, est celle qui s'est répandue hors du lit du fleuve, et qui a occasionné tant de désastres pendant les 11 journées consécutives de l'inondation qui a commencé le 29 mai 1856, à midi, au niveau de 4$^m$,75 sur l'étiage, et a duré, avec des variations, jusqu'au 9 juin 1856, à midi, moment précis où le fleuve est rentré dans son lit au niveau de 4$^m$,75.

Or, d'une part, le chiffre 6,523,000,000$^m$ cub. n'est guère que le quadruple du débit moyen 1,520,640,000$^m$ cub. Ce qui donne, pour chaque jour de la crue extraordinaire, trois journées de débit en sus. Nous sommes donc, en ce point, parfaitement d'accord avec ce que nous avons déjà dit (page 91).

D'autre part, le volume 1,485,880,000$^m$ cub. qui s'est répandu sur les terres et qui a occasionné l'inondation la plus forte que l'on connaisse de mémoire d'homme, est à peine équivalent au volume 1,520,640,000$^m$ cub., débit moyen pendant la même durée. Ce qui donnerait 11 journées de débit en sus du débit moyen pendant les 11 jours de l'inondation du 31 mai 1856.

Et comme le débit moyen que nous avons pris est une moyenne basse (page 95); on arriverait facilement au-dessous de 9 journées en prenant une moyenne un peu plus forte et qui se rapprocherait davantage du débit le plus ordinaire.

Nous sommes donc encore d'accord , pour ce second point, avec ce que nous avons dit plus haut (page 91).

D'un autre côté, si l'on retranche seulement la moitié de 5,003,000,000$^m$ cub., qui est le volume excédant, à partir du niveau 1$^m$,90 jusqu'au niveau 7$^m$ fourni par l'inondation du 31 mai 1856 pendant 11 jours consécutifs ; le reste ajouté au débit moyen ne formera que 4,001,500,000$^m$ cub., débit bien inférieur à 5,037,120,000$^m$ cub. qu'à fourni le Rhône, à partir de 4$^m$,75 d'élévation, qui est le point où l'inondation commence.

En ce troisième point, nous sommes encore d'accord avec ce que nous avons dit plus haut (page 91).

La vérification que nous venons de faire pour le Rhône, qui reçoit une foule d'affluents, ce qui l'a fait appeler, à juste titre, le roi de nos cours d'eau, peut certainement être considérée comme établie pour nos autres fleuves que nous connaissons moins que le Rhône. Car, pourquoi en serait-il autrement pour les autres grands cours d'eau ?

Il est même à croire que les autres fleuves de France, lors de leurs plus fortes inondations, ne donnent pas 9 journées de débit en sus du débit ordinaire, si l'on remarque, par exemple, que pour la Garonne, prise à Tonneins, les observations de 15 années consécutives faites par M. l'ingénieur Baumgarten, ne donnent en moyenne que 9 journées de débordements pour les quatre saisons de l'année.

# CHAPITRE X.

—

## Moyens à employer pour arrêter la quantité d'eau qui fait déborder les Rivières et les Fleuves.

Dans le chapitre précédent nous avons établi que la quantité d'eau qui fait déborder les rivières et les fleuves est à peine 1/80 des eaux destinées à couler dans les lits de ces cours d'eau pendant une année entière; ou encore 1/640 de la quantité moyenne annuelle des eaux pluviales.

Quelque faible que soit relativement cette portion des eaux pluviales qui fait grossir et déborder passagèrement les rivières et les fleuves, et occasionne des inondations; il est au-dessus de la puissance humaine de l'arrêter, lorsque l'agglomération a eu lieu jusqu'aux embouchures des divers affluents, et qu'elle se présente dans les lits des grandes rivières ou des fleuves en masse compacte, large et profonde; en un mot, lorsque l'inondation est devenue un fait accompli.

Mais on peut arrêter facilement cette portion des eaux pluviales en la prenant en détail, à

mesure qu'elle tombe des nuages et qu'elle se
rend dans chaque pli de la surface du sol, dans
chaque fossé, dans chaque gorge, dans chaque
vallon, dans chaque vallée. Ainsi prise avant
qu'elle ait pu former des agglomérations de quelque importance, cette portion des eaux pluviales ne pourra exercer que très-peu de résistance
aux obstacles qui lui seront opposés. Une fois
arrêtée elle se soumettra docilement aux lois qui
lui seront imposées; et le fléau des inondations
aura disparu.

C'est donc ici le lieu d'indiquer les moyens
que l'on devra employer pour arrêter cette portion, jusqu'à présent si funeste, des eaux pluviales.

Ces moyens tirent leur efficacité de ce qu'ils
n'attendent pas pour agir que l'inondation
ait acquis une force irrésistible. Ils portent en
eux-mêmes un remède qui attaque le mal à la
racine; car ils se placent à la source du mal pour
lutter en quelque sorte corps à corps contre les
causes premières ou absolues des inondations,
et pour arrêter au point même de départ le développement de leurs effets.

Voici ces moyens :

1° Evaluez préalablement, en mètres carrés,
l'étendue des surfaces dont les eaux pluviales

vont se réunir par pentes naturelles dans chacune des diverses dépressions de terrain que
présente un site quelconque. On trouvera, par
l'emploi du pluviomètre et par un simple calcul,
le volume d'eau qui se rend, même lors des plus
fortes pluies d'orage, dans chacune de ces dépressions.

Et en partant de ces résultats,

2° Dans tous les plis du terrain, dans tous les
fossés, dans toutes les gorges même étroites des
sites élevés, établissez des barrages suffisants
pour arrêter les masses, toujours peu considérables, des eaux pluviales qui se réunissent dans
ces faibles dépressions de la surface du sol.

3° Dans les dépressions plus considérables du
terrain, dans chaque vallon, dans chaque vallée
de quelque importance, partagez, au moyen de
digues construites en terre et suffisamment élevées, la longueur de la vallée en plusieurs bassins capables d'arrêter et de contenir les eaux des
plus fortes pluies connues, qui soient tombées
dans le bassin de la vallée, et dont le volume de
la masse agglomérée doit être calculé d'avance.

Par ces barrages de facile exécution et formant
des bassins de diverses grandeurs, les eaux pluviales se trouveront arrêtées dans le voisinage
des surfaces partielles qui les auront reçues, ou

tout au moins, avant qu'elles aient parcouru un long trajet et qu'elles aient acquis une impétuosité redoutable.

Voyez la planche I. Cette figure représente une vue à vol d'oiseau du bassin hydrographique d'une grande rivière ou d'un fleuve, immédiatement après une forte pluie ayant un caractère de généralité.

Soit A B C une portion du lit d'un fleuve ou d'une grande rivière, qui commence par un simple sillon en A où ce cours d'eau prend sa source. Ses principaux affluents qui fournissent une alimentation permanente sont marqués R R. Les ruisseaux, les torrents, les ravins avec leurs innombrables ramifications formées par les divers plis de la surface du terrain sont marqués r r. Cet ensemble de dépressions qui conduisent les eaux pluviales ainsi que celles des sources et des Fontaines dans le lit du fleuve A B C, constitue le bassin hydrographique de ce fleuve. Les lettres D ,D , D....., placées sur les ramifications multipliées désignent les croupes initiales des ravins, les plis de terrain, les vallées et les dépressions où il conviendra de construire des barrages capables d'arêter les eaux pluviales qui se réunissent en chacun de ces points. Le volume des eaux agglomérées dans le bassin formé par chaque barrage ne saurait être que de faible importance; parce que ce volume provient seulement des eaux pluviales qui sont tombées sur les surfaces très-voisines, et qui fluant par les pentes sont reçues dans le bassin de barrage presque au moment même où elles arrivent au sol. Il sera donc possible et même facile d'arrêter ces faibles volumes d'eau pluviale.

Les eaux pluviales ainsi arrêtées sur la multiplicité des points marqués des lettres D, D, D..., ne descendront pas dans les grands torrents, dans les ruisseaux r, r, r...; elles ne viendront pas grossir les rivières R, R, R...; et le lit A B C, manquant de cet énorme contingent, pourra contenir, dans toutes les circonstances, les eaux qui lui arriveront directement des nuages et celles qui lui seront fournies par les divers affluents. Ce cours d'eau ne sortira donc plus de son lit.

Telle sera l'utilité immédiate des barrages construits sur les sites plus ou moins élevés, et formant des bassins de capacités diverses (*).

Mais ces barrages ne sont pas les seuls moyens à employer pour atteindre le but désiré. Il

(*) Cette explication et la planche qui en est l'objet ont été ajoutées à notre travail après la décision de l'Académie.

ne suffit pas d'arrêter les eaux pluviales qui tombent dans une journée ; car il arrive souvent qu'après une pluie très-forte, il survient dans la même semaine une seconde ou plusieurs autres pluies d'orage aussi fortes que la première. Or, si une première pluie a déjà rempli les bassins formés par les barrages ; une seconde pluie amènera une agglomération qui ne pourra pas être reçue dans ces bassins ; l'eau déversera, les travaux de barrage pourront être détruits et l'inondation aura lieu.

Il ne faut donc pas conserver les eaux pluviales dans les bassins, mais il importe, au contraire, de leur ménager des issues en leur donnant une direction convenable et une destination qui ne puisse dans aucun cas les rendre nuisibles à l'agriculture.

A cette fin, l'on devra employer l'un des deux procédés qui sont décrits dans les chapitres suivants.

Chacun de ces procédés fournit le moyen qui nous paraît le plus simple, le moins coûteux et en même temps le plus capable de préserver à l'avenir les populations qui habitent les bords des rivières et des fleuves, du retour de ces calamités affreuses, de ces scènes de deuil et de désolation qui les ont éprouvées tant de fois.

Soit par l'un, soit par l'autre de ces deux procédés, on a un système général et de facile exécution, qui peut être appliqué à la Garonne, à la Loire, à la Seine, au Rhône, à la Saône, au Doubs, à l'Isère, à la Durance, à l'Ardèche, au Gard, et généralement à tous les cours d'eau situés en France et dans les autres contrées, quelle que soit d'ailleurs leur importance relative.

La généralité de notre système nous dispense donc de toute application spéciale à un bassin de rivière ou de fleuve désigné d'avance; car, ce que nous dirions d'un cours d'eau déterminé se rapporterait aussi bien à un autre cours d'eau quelconque.

Toutefois, nous ne négligeons pas cette idée d'applications spéciales. Car, dans le chapitre IX, nous avons déjà parlé longuement du débit du Rhône, de la Garonne, de la Loire, de la Seine; et dans le chapitre XIII, nous donnerons un aperçu des dépenses qu'exigerait l'application de notre système dans chacun des quatre grands bassins hydrographiques de la France.

# CHAPITRE XI.

—

## Destination des eaux arrêtées.



Ce premier procédé d'une simplicité remarquable et d'un effet immédiat consiste à détruire par la division l'effet qui a été produit par la multiplication; à diviser et à subdiviser les masses d'eau qui arriventdans les bassins de barrages.

A cette fin, il faudra ouvrir des fossés que l'on poursuivra, aussi loin que la disposition des surfaces pourra le permettre; ayant soin de donner à ces canaux des embranchements très-multipliés et dirigés en sens divers. La largeur et la profondeur de ces canaux seront d'autant moindres que le parcours pourra être plus prolongé, et que les ramifications se montreront plus nombreuses. Au contraire, si ces canaux et leurs embranchements doivent être restreints dans leur longuenr, à cause de l'étendue médiocre et de la conformation des surfaces voisines, on leur donnera une largeur et une profondeur plus considérables.

D'un côté, ou mieux des deux côtés opposés de chaque bassin de barrage partira du canal prin-

cipal creusé au même niveau que le plat-fond du
bassin, afin que le bassin ne puisse se vider en-
tièrement qu'au fur et à mesure que le niveau
de l'eau baissera dans les canaux. Voir la figure
planche II. Cette figure représente la coupe horizontale d'un bassin de barrage avec canaux, fossés et rigoles relatifs au premier procédé. Les lignes ponctuées marquées b b b désignent la coupe
horizontale d'un bassin de barrage dans une vallée. Les lettres D D désignent la digue ou barrage.
Les lettres c c c désignent les canaux. Les fossés
sont marqués f f; et les lignes sans lettres sont
les rigoles.

Le canal principal et ses ramifications auront,
dans tout leur parcours, même niveau, ou seulement une légère pente d'un millimètre par
mètre; afin que le mouvement des eaux dans
ces canaux ne s'opère que par la charge des cou·
ches supérieures, ou que le mouvement com-
mandé par la pente soit très-lent. De cette fa-
çon, il n'y aura pas de fractions de volume perdues ou rendues inutiles dans la capacité des
fossés. Les travaux de déblai auront ainsi leur
plein effet, puisque les canaux divers pourront
s'emplir dans toute la longueur du parcours
pour l'ensemble des ramifications ; et les berges
des fossés ne seront pas rongées par la marche

des eaux. Le long des berges de ces canaux, des vannes disposées de loin en loin, et qu'on pourra ouvrir ou fermer à volonté, verseront, suivant les besoins, les eaux dans des rigoles destinées au service des irrigations.

Il faudra donner aux bassins de barrages et à ce système de canaux et de fossés une capacité d'ensemble qui soit équivalente au volume de la masse d'eau, calculé d'avance, que la plus forte pluie d'orage connue de mémoire d'homme puisse amener par agglomération dans le bassin. C'est même d'après la connaissance préalable de ce volume d'eaux pluviales arrêté par le barrage, que l'on pourra déterminer les dimensions convenables à donner aux canaux, à leurs embranchements et à leurs ramifications diverses.

Un pareil système de bassin, de canaux et de fossés établis dans les dimensions voulues, livre aux eaux pluviales une capacité équivalente au volume de la plus forte pluie d'orage. C'est avoir déjà beaucoup obtenu, puisque par ce moyen bien simple, on peut arrêter les eaux agglomérées de la plus forte pluie connue qui soit tombée dans la localité.

Mais quelquefois, quoique bien rarement, il arrive deux ou même trois précipitations de pluies très-fortes, et à peu d'intervalle. Ces circonstances exceptionnelles ne peuvent manquer de faire déborder les canaux et les fossés.

Alors de trois choses l'une :

Les terres qui portent le réseau de fossés seront déjà saturées par les pluies, ou elles n'auront été arrosées que faiblement, ou même point du tout.

Dans le premier cas, il y aura surabondance d'humidité dans les terres les plus voisines des fossés ; le sol refusera de boire et sa surface sera couverte par l'eau. Mais cette espèce de petite inondation n'aura pas d'effet dangereux, et sera de courte durée. Car les eaux, quelle que soit leur abondance exceptionnelle, se trouveront distribuées, divisées et subdivisées sur une surface souvent aussi grande et quelquefois plus grande que la surface supérieure qui les a reçues directement des nuages. Par conséquent, elles ne pourront pas, en déversant des canaux et des fossés, fournir sur les terres une grande épaisseur. D'ailleurs, la cause n'étant que momentanée, l'effet ne saurait être que de courte durée.

Dans le second cas, les terres voisines pourront absorber la totalité, ou une bonne partie des eaux qui auront déversé. Il n'y aura donc que saturation complète, ou sursaturation moindre que dans le cas précédent.

Dans le troisième cas, les eaux déversées seront absorbées par les terres, souvent même avant que la saturation ait lieu.

Au surplus, la possibilité du fait ci-dessus ne doit pas nous préoccuper outre mesure; car on doit considérer que les masses d'eau que pourraient amener dans les bassins, ou dans les fossés les pluies exceptionnelles tombées à courts intervalles, éprouvent sans cesse des pertes, soit par l'évaporation immédiate dans l'atmosphère, soit par l'action absorbante des plantes, soit par celle des terres qui constituent les surfaces des canaux, fossés et rigoles.

Tout ce que nous avons dit pour un seul bassin de barrage et pour les ramifications des canaux et des fossés qui s'y rattachent, doit être dit pour tous les bassins et pour tous les canaux établis à cette fin sur des points quelconques.

On conçoit aisément :

1° Que ce procédé aura pour effet immédiat de diminuer la force des inondations ;

2° Que cette diminution continuera de s'opérer à mesure que des travaux analogues s'étendront sur un plus grand nombre de points ;

3° Et que le fléau des inondations aura complétement disparu, lorsque cette théorie aura été appliquée généralement dans tous les bassins

hydrographiques de nos grandes rivières et de
nos fleuves.

Souvent les canaux et fossés seront à sec ;
mais à chaque pluie un peu forte ils s'empliront
à peu près. De cette agglomération d'eau il résultera des irrigations pour un bon nombre de
terres situées plus bas que les fossés ; et pour les
terres qui se trouveront trop élevées pour être
arrosées superficiellement par les fossés, il en
résultera au moins une humidité plus abondante
dans l'air ambiant à cause de l'évaporation considérable qui aura lieu à la surface liquide des
canaux ; et de plus une filtration souterraine qui
entretiendra les terres voisines dans un état
moyen d'humidité très-propre à faciliter le développement de la végétation.

En outre, et peu après que le système aura
été mis en action, on verra sourdre de tous côtés
de petites sources le long des murs de soutene-
ment, comme aussi en plusieurs points des sur·
faces inférieures et en pente.

Tel est dans ses principes et dans ses consé-
quences, le premier des deux procédés que nous
proposons à employer.

Si cet ensemble de canaux, avec leurs divers
embranchements et toutes les ramifications de
fossés et de rigoles qui communiquent les uns

aux autres, et aboutissent tous à un canal principal, était vu à vol d'oiseau et d'une certaine hauteur, le lendemain d'une pluie assez forte : il présenterait à l'œil de l'observateur le même aspect, quoique en petit et réduit, que les cours d'eau régulièrement existants. Comme ceux-ci il offrirait un tronc principal, celui qui aboutit au bassin de barrage, lequel paraîtrait formé par de petites rivières alimentées par une foule de petits ruisseaux ; il y aurait parfaite analogie d'aspect.

Cependant l'ordre de formation est inverse.

En effet :

Dans les cours d'eau régulièrement établis, les petits filets forment les veines ; celles-ci forment les ruisseaux ; les ruisseaux se réunissent en rivières ; et la réunion de plusieurs rivières constitue un fleuve.

Au contraire, dans notre ensemble de canaux et de fossés, le canal principal qui part du bassin se divise en formant plusieurs embranchements latéraux ; chacun de ceux-ci se subdivise à son tour en un certain nombre de fossés ; et les fossés se subdivisent en une foule de rigoles qui se dispersent en une infinité de veines et de filets.

Les premiers se mêlent, s'ajoutent, se forment

successivement par l'agglomération et tendent à l'unité.

Les seconds se forment, au contraire, par des divisions et des subdivisions successives, et tendent à la diffusion. Et c'est même en vertu de ces divisions successives, que l'on peut parvenir à maîtriser et à diriger ces masses d'eau qui font déborder les fleuves et occasionnent des inondations. Heureuse application physique de l'étrange maxime florentine : *divisez pour régner*, émise dans un tout autre ordre d'idées.

QUESTION.

Nous terminerons ce que nous avions à dire sur ce premier procédé, par la réponse à une question qui se présente naturellement, et comme amenée par l'application même du procédé ci-dessus indiqué.

Voici cette question :

Les eaux pluviales étant ainsi arrêtées sur les sites élevés, et conduites par des ramifications de fossés et de rigoles qui les contiennent, où les distribuent et les dispersent dans des champs que la disposition des lieux n'avait point destinés à les recevoir ; n'est-il pas à croire que, si un pareil système de retenue des eaux pluviales était appliqué généralement dans le bassin hydrographique d'une même rivière ou d'un fleuve, ce cours d'eau privé désormais de ce tribut éprouvera des diminutions considérables dans son débit, ou même finira par disparaître, en laissant son lit à sec ?

Nous répondrons qu'on peut être parfaitement tranquille sur cette question et sur les craintes qu'elle semble inspirer.

Non, les rivières et les fleuves ne perdront rien de leur débit ordinaire, par l'application même la plus générale de ce procédé de retenue des eaux pluviales :

Parce que l'alimentation permanente de ces cours d'eau ne provient pas des eaux pluviales que nous retenons ; mais elle provient de la partie des eaux pluviales qui a filtré à travers les terres pour produire des sources et des Fontaines. Les eaux torrentielles, quand elles ne sont pas retenues, passent en peu de temps dans les lits des rivières et des fleuves, et viennent s'y agglomérer pour grossir passagèrement le volume qui s'y trouve déjà. D'où il suit que la permanence des cours d'eau est indépendante des eaux torrentielles que retiennent nos bassins de barrages, et nos fossés de dérivation.

Conséquemment, les rivières et les fleuves existants continueront à couler avec le même débit, après, comme avant l'application de notre théorie.

Et si notre procédé de retenue des eaux pluviales pouvait amener quelques variations dans le débit ordinaire des cours d'eau, ce seraient des variations avantageuses pour le débit journalier; car toute application de notre système tend à former et à faire surgir çà et là de nouvelles sources.

# CHAPITRE XII.

—



2ᵉ PROCÉDÉ.

Ce second procédé consiste dans la création de Fontaines nouvelles (*).

Les eaux pluviales arrêtées par des barrages ou chaussées formant des bassins de diverses grandeurs, soit dans les plis du terrain, soit dans les dépressions plus considérables, telles que les vallons ou les vallées, ne doivent pas demeurer longtemps en évidence dans les bassins. Elles sont destinées à saturer au loin et au large le sol de ces bassins, à traverser des filtres qui leur seront préparés, et à produire souterrainement des sources qui fourniront de l'eau potable et des irrigations.

---

(*) Il n'est autre chose que la conséquence et une déduction naturelle de notre système développé dans *la Science des Fontaines*. Ce livre n'a paru imprimé qu'en mars 1856; mais la pensée qui fait le fond de cet ouvrage avait déjà reçu un commencement de publicité, soit par un mémoire communiqué à l'Académie des sciences le 5 juillet 1847, soit par un poème de M. l'abbé Reboul, chanoine honoraire de Montpellier, soit par des propositions faites à la ville d'Aubenas (Ardèche).

A cette fin , quelques travaux doivent être exécutés das les bassins. Ces travaux seront différents suivant qu'ils devront être établis dans les faibles dépressions du terrain ou dans les grandes dépressions.

*1° Relativement aux faibles dépressions.*

A la partie la plus basse de chacun des bassins qui sont formés dans les plis du terrain, dans les fossés, dans les étroites gorges des sites élevés, creusez un ou plusieurs puits ronds de $2^m$ de diamètre.

Dans les terrains diluviens, ou alluvions anciennes, qui sont très-absorbants par leur nature et par le mode de leur agrégation, il suffira de creuser ces puits jusqu'à $3^m$ ou $2^m$ seulement de profondeur. Planche III, fig. 1.

Dans les terrains compactes et bien stratifiés , ces puits devront descendre jusqu'à la rencontre d'une couche absorbante.

Or, de deux choses l'une : cette couche absorbantes sera à une faible profondeur de $4^m$ à $6^m$, ou à une profondeur variable, mais assez considérable.

1° Lorsqu'on aura rencontré une couche absorbante à $4^m$ ou $6^m$ de profondeur, Planche III, fig. 2, comblez ces puits , d'abord et par moitié, avec des cailloux ou de la pierraille, puis du gravier, du sable; et continuez ce remblai jusqu'à un mètre au-dessus du sol, en l'étendant au dehors de manière à dépasser d'un demi-mètre, ou même davantage, la circonférence du puits.

Les puits de $3^m$ ou $2^m$ de profondeur Planche III, fig. 1, creusés dans les terrains d'alluvions anciennes, seront remblayés comme il vient d'être dit pour les puits de la fig. 2, Planche III.

Ces puits appelés puisards, boitouts ou bétoires, boiront et absorberont, en peu de temps, la totalité des eaux pluviales qui doivent passer dans les faibles dépressions de la surface du sol; parce que, d'après ce qui a été dit plus haut, ces légères dépressions ne reçoivent par les pentes que les eaux pluviales des points qui les avoisinent; lesquels, même lors des plus fortes pluies, ne sont mouillés que par une couche d'eau de quelque millimètres ou de quelques centimètres d'épaisseur.

Les eaux absorbées par ces boitouts iront sourdre claires, pures et fraîches sur quelques points voisins où elles formeront des Fontaines nouvelles.

Des puits de cette nature, creusés en divers lieux et à diverses époques, ont toujours parfaitement réussi; et les eaux qu'ils reçoivent, depuis plusieurs siècles, n'ont jamais cessé d'y trouver un écoulement facile. Suivant M. Arago, le roi Réné fit creuser un grand nombre de trous ou puisards nommés en langue provençale *embugs* (entonnoirs), près de Marseille, dans la plaine des Paluns, grand bassin marécageux, qu'il paraissait impossible de dessécher à l'aide de canaux superficiels. Ces trous jetèrent et jettent encore aujourd'hui, dans les couches perméables situées à une certaine profondeur, des eaux qui rendraient toute la contrée improductive. On assure que ce sont les eaux absorbées aux *embugs* des Paluns, qui, après un cours souterrain, forment les sources jaillissantes du port de *Mion* près de Cassis.

Au surplus, l'idée de creuser des puits absorbants est venue d'une foule d'exemples que fournit la nature. Les boitouts naturels où s'engouffrent les eaux pluviales sont très-nombreux en France, dans les terrains calcaires et quelquefois dans les terrains de lias. On en trouve un grand nombre dans la Normandie, dans la Franche-Comté et dans les départements méridionaux. Dans un rayon de 20 lieues environ au Nord et à l'Est de la Fontaine de Vaucluse, des boitouts naturels avalent des masses d'eau pluviale qui, sans ces actions absorbantes, forme.

raient dans certaines localités des lacs de plusieurs kilomètres de longueur.

2° Si l'on ne rencontre pas une couche absorbante à 4ᵐ ou 6ᵐ de profondeur ; alors, il faudra continuer ce travail en pratiquant un trou de sonde descendant jusqu'à une couche absorbante ; Planche III, fig. 3. On établira ainsi un puits artésien absorbant, que M. Arago appelle Fontaine artésienne négative. M. Mulot a exécuté le forage de plusieurs puits artésiens absorbants, entre autres, un à Paris, à 200ᵐ de la barrière du Combat, qui n'a que 0ᵐ,15 de diamètre au fond du percement, et qui absorbe jusqu'à 100 mètres cubes de liquide par heure. Le forage a été poussé à 81ᵐ de profondeur et a coûté, avec les tubes métalliques et tous les accessoires, 8000 francs.

2° Relativement au grandes dépressions.

Pour les dépressions plus considérables que celles dont nous venons de parler ; par exemple, pour les vallons, pour les vallées de quelque importance, on pourra employer aussi bien les puisards ordinaires, ou les puits artésiens absorbants ; et par ce moyen on fera disparaître promptement sous terre les eaux pluviales amenées par les surfaces adjacentes. Les eaux ainsi

absorbées iront grossir les sources existantes , ou
créer des sources nouvelles sur des points voisins ou éloignés. Mais si l'on veut créer sur tel
point déterminé d'avance des Fontaines nouvelles, il faudra procéder autrement , quant à la
forme et à l'étendue des travaux, mais toujours
d'après le même principe et pour obtenir un effet
analogue.

Voici ce procédé :

La description suivante doit être lue en ayant
sous les yeux la fig. Planche IV , qui représente
la coupe horizontale des travaux à exécuter dans
une vallée, pour créer des Fontaines. Dans cette
figure, les lettres LL désignent la tranchée longitudinale. Les lettres tt désignent les tranchées
transversales. Les digues des bassins sont marquées DD. Le bassin de partage, ou régulateur
des Fontaines, est marqué par la lettre B.

Afin de faire passer sous terre, et en peu de
temps, toutes les eaux pluviales que reçoivent les
diverses surfaces dont l'ensemble constitue le
bassin hydrographique de la vallée ; creusez en
travers et en long, dans toute l'étendue de la
vallée et dans le fond des bassins de barrages,
des trachées dont une longitudinale et les autres
transversales, ayant $2^m,50$ de profondeur sur

3<sup>m</sup> à 4<sup>m</sup> de largeur à la partie supérieure, de forme trapézoïde, allant en s'évasant de bas en haut, comme un entonnoir, de manière que le fond de la tranchée n'ait pas plus de 1<sup>m</sup>,50 de largeur.

Il faudra revêtir toutes ces tranchées de murs en pierres sèches de 0<sup>m</sup>,50 d'épaisseur et jusqu'à une hauteur de 0<sup>m</sup>,50; puis, paver le fond des tranchées dans toute sa surface qui ne sera que de 0<sup>m</sup>,50 de largeur. Ce pavé sera établi afin que les eaux ne creusent pas plus profondément les tranchées, et afin de maintenir par là même les murs de revêtement dans leurs bases. On couvrira ces canaux avec de fortes dalles dont les bords extrêmes s'appuyeront sur les murs de revêtement, et l'on aura ainsi des cavités de 0<sup>m</sup>,50 de largeur sur 0<sup>m</sup>,50 de hauteur.

Disposez ce réseau de tranchées de manière que toutes les cavités transversales s'inclinent vers la tranchée longitudinale qui règnera sous le berceau même du ruisseau de la vallée. Celle-ci traversera toutes les tranchées transversales et les mettra ainsi en communication. La tranchée longitudinale remplit sans doute le rôle des autres tranchées pour filtrer les eaux, mais elle est en outre destinée principalement à recevoir

le tribut des tranchées transversales de tous
les bassins de barrages.

La tranchée longitudinale pourra avoir un
peu plus de largeur que les tranchées transversales. Elle sera continue, ou bien coupée par
cascades. Si le fond de la vallée n'a que peu de
pente, la tranchée longitudinale pourra être
continue; mais si le lit du ruisseau de la vallée
a beaucoup de pente, on rompra la pente de la
tranchée longitudinale en ménageant une cas-
cade, ou chute, souterrainement de distance en
distance; de manière que les divers éléments de
la tranchée longitudinale n'aient pour chacun en
particulier qu'une pente médiocre.

Au-dessus des dalles qui couvrent les cavités,
remblayez le vide restant des tranchées dans
toute leur longueur, d'abord avec des cailloux
ou de la pierraille; puis du gros gravier et du
sable; enfin de la terre extraite des tranchées,
de manière à remplir complétement le vide jusqu'au niveau de la surface du sol dans la vallée.
On constituera ainsi de véritables filtres qui s'é-
lèveront, en s'élargissant, sur le fond des bassins; et l'on donnera au fond des bassins une
pente telle que toutes les eaux qu'ils rece-
vront puissent se porter naturellement vers les
filtres.

Là se bornent, si l'on veut, tous les travaux
à exécuter.

Pour perfectionner cet établissement, on
pourra ajouter à l'extrémité inférieure de la
tranchée longitudinale un réservoir qui sera le
point de partage des eaux et en même temps le
régulateur des Fontaines. Ce réservoir, sans
cesser d'être alimenté dans l'intervalle d'une
pluie à la pluie suivante, pourra être construit
avec des dimensions convenables pour qu'il
contienne la provision d'eau nécessaire pendant
plusieurs mois. Quand il s'agira de créer des
Fontaines d'eau potable, on devra construire ce
réservoir en maçonnerie, le voûter et couvrir la
voûte d'une épaisse couche de terre afin de
conserver sa fraîcheur à l'eau.

Voici ce qu'il résultera de cet ensemble de
travaux.

Une fois les digues et les tranchées-filtres bien
établies ; les précipitations d'eau pluviale, même
les pluies d'orage les plus fortes, seront arrêtées
et contenues dans toutes les circonstances. Ces
eaux ainsi arrêtées satureront au loin et au large
le sol de la vallée, passeront à travers les filtres
des tranchées, et, après avoir subi cette filtration qui les dépouillera de toutes les matières
organiques qu'elles auront pu balayer en parcou-

rant les pentes extérieures, elles arriveront claires et pures dans les cavités souterraines qui leur sont destinées. Là elles se mêleront aux eaux fournies avec plus de lenteur, mais constamment, par les terres adjacentes et par les terre-pleins qui séparent les tranchées. Car ces terres adjacentes et ces terre-pleins ont reçu une complète saturation d'humidité, laquelle, en vertu de la pesanteur et de la propriété des liquides, se formera en filets et en veines qui iront s'épancher dans les cavités des tranchées.

Ces cavités communiquant toutes ensemble formeront une ramification nombreuse et conduiront leurs eaux dans la cavité de la tranchée longitudinale qui est leur terme commun. Cette disposition de filets, de veines liquides et de ruisseaux divers cheminant mystérieusement et de concert vers un même but, quoique partis de points bien différents ou opposés, pour aller former par leur réunion un cours d'eau souterrain, imite assez exactement le phénomène de la formation des sources cachées et établies par la nature; comme aussi la formation des fleuves, des rivières et de tous les cours d'eau extérieurs.

La tranchée longitudinale qui reçoit les eaux des tranchées de tous les bassins de barrage por-

tera ces eaux sur un ou sur pusieurs points
déterminés, et les versera en Fontaines permanentes. Ces Fontaines procèdent du même principe et ont par conséquent même origine que les
Fontaines établies par la nature; elles suivent
les mêmes lois que celles-ci pour se former sous
le sol et pour se manifester au dehors.

Car, qu'est-ce qu'une Fontaine naturelle?

Une Fontaine naturelle est une eau vive qui
sort de terre, d'un réservoir *ordinairement
creusé par la nature*, et alimenté par les eaux
pluviales.

Dans cette définition tirée des meilleurs dic-
tionnaires, l'adverbe *ordinairement* modifie l'expression *creusé par la nature*, et étend la signi-
fication de cette expression aux fouilles et aux
travaux que la main de l'homme exécute pour
creuser des sources et établir des Fontaines. Car,
dire que ce réservoir *est ordinairement creusé
par la nature*, c'est dire implicitement que ce
réservoir est quelquefois creusé par l'homme;
et c'est en effet ce qui arrive très-souvent. Dans
presque tous les établissements de Fontaines
publiques destinées à fournir de l'eau potable
soit à une cité soit à une agglomération quelconque, des fouilles sont faites en divers sens pour
trouver les sources, les veines, les filets liqui-

des que les eaux pluviales forment sous terre.
Des travaux de déblai sont exécutés pour rassembler les filets, les veines d'eau dans un
réservoir commun que l'on appelle alors Mère-
Fontaine. C'est de ce réservoir que partent les
canaux, ou les tubes de conduite qui doivent
porter les Fontaines à leur destination. Souvent
même, dès leur sortie du réservoir commun,
on dirige les sources dans un bassin couvert ou
découvert appelé *point de partage;* et alors c'est
de là que partent les tuyaux de conduite.

Toute Fontaine naturelle provient d'une
source souterraine qui en est l'origine. Cette
source cachée n'existe pas en bloc et toute faite
en un même point. Mais elle se forme, dans un
thalweg invisible, lentement et progressivement
par la réunion mystérieuse de myriades de fils
liquides résultants de l'infiltration des eaux pluviales à travers les terres qui appartiennent à ce
thalweg. De même qu'à l'extérieur du sol un
cours d'eau, soit fleuve, soit rivière, etc., se
forme en vertu de la pesanteur et de la constitution actuelle de la surface des continents, par
l'ensemble des ramifications multipliées de cours
d'eau divers aboutissant tous à une vallée principale qui est leur terme commun et comme le
lieu de leur rendez-vous général ; ainsi que nous
l'avons déjà dit (page 50).

Nous pouvons donc conclure, en terminant, que les eaux pluviales qui sont arrêtées par nos bassins de barrages établis dans tous les plis et dans les diverses dépressions que présente la surface du sol sur les sites plus ou moins élevés, ont pour destination de produire et d'alimenter des Fontaines nouvelles faites à l'instar de celles de la nature.

La planche V représente une coupe verticale et en long de tous les travaux à exécuter dans une vallée pour créer des Fontaines nouvelles.

Dans cette figure les lettres D représentent les profils des digues des bassins. Les lignes ponctuées n,n marquent la hauteur que les eaux pluviales ne devront jamais dépasser par leur agglomération dans les bassins. Les lettres T désignent la bande sablée qui est le filtre de la tranchée longitudinale. Les lettres V désignent la cavité en cascades qui règne au fond de la tranchée longitudinale. B est le bassin de partage, ou bassin régulateur alimenté par l'orifice O, point extrême de la tranchée longitudinale. F est une fenêtre pour donner issue au trop plein. R le robinet pour alimenter les Fontaines, quand le trop plein ne fournit pas. C,C chambre du robinet. N naissance du canal de conduite.

OBSERVATION.

Dans les chapitres XI et XII nous avons décrit deux procédés de destination à donner aux eaux pluviales arrêtées par les barrages. Chacun de ces deux procédés présente un moyen efficace pour atteindre le but proposé, savoir : la diminution de la force des inondations, ou même la disparition complète de ce fléau. Il semblerait donc qu'il aurait suffi de décrire un seul procédé. Or, voici pourquoi nous en avons décrit deux.

Le premier procédé est d'une application très-simple et très-facile dans les localités qui présentent des dépressions en pente douce et accompagnées de surfaces de terrains susceptibles de recevoir des irrigations. Mais ce premier procédé ne saurait être appliqué avantageusement dans les localités en pente très-rapide et qui ne présentent à droite et à gauche des ravins que beaucoup de rochers et très-peu de terre. Tandis que dans ces dernières localités on pourra utilement élever de petites digues et pratiquer des puits absorbants le long des ravins. Il est vrai que ces puits absorbants produiront des sources qui iront sourdre en des points indéterminés et souvent très-éloignés du lieu où l'on aura exécuté les travaux. Qelquefois même ces nouvelles sources iront grossir d'autres sources déjà existantes, ou se mèleront aux eaux d'une rivière.

Le second procédé fournit des Fontaines nouvelles d'eau potable sur des points déterminés d'avance. Mais, pour cela, il faut opérer sur des surfaces un peu considérables, dans les vallées ou dans les dépressions de quelque importance et d'une pente médiocre. L'exécution du second procédé pour obtenir des Fontaines d'eau potable, sur des points déterminés d'avance, serait difficile dans les ravins très-étroits, situés en pente très-rapide et accompagnés de beaucoup de rochers et de peu de terre. Pourtant le second procédé parait être d'une application plus générale que le premier.

D'où l'on voit que nous avons dû décrire deux procédés.

Dans les applications, on pourra suivre soit l'un, soit l'autre de ces procédés, ou tous les deux concurremment, selon les accidents de terrain que peut présenter une même localité, et selon le résultat que l'on se proposera d'obtenir.

# CHAPITRE XIII.

—

**Aperçu des dépenses.**

La pensée seule d'employer des moyens capables de faire cesser définitivement le fléau dévastateur, qui afflige avec une périodicité ruineuse les populations riveraines des fleuves et des rivières, doit faire présumer qu'il faudra des sommes très-considérables pour l'accomplissement de ces moyens.

Cela est vrai; et de plus nous disons que c'est inévitable, si l'on veut arriver au but.

Mais les sacrifices d'argent, auxquels on se soumettra pour empêcher les inondations, auront un résultat certain. Il n'en sera pas de ceux-ci comme des sacrifices de quelques peuples anciens ou modernes qui, dans leur superstitieuse ignorance, considéraient les fléaux comme autant de divinités malfaisantes qu'on devait apaiser par des présents de diverses valeurs, par des victimes de toute espèce, même par des victimes humaines; ajoutant ainsi bénévolement, par de riches offrandes, aux pertes déjà éprouvées, et joignant de nouvelles victimes à celles que le fléau avait violemment emportées.

Quand on se propose d'arriver à un résultat immense, tel que celui d'empêcher les inondations, l'on doit s'attendre à des sacrifices d'argent proportionnés à la grandeur du mal, et à l'étendue de l'effet que l'on veut obtenir.

Toutefois, la dépense nécessaire, quelque forte qu'elle soit, est loin de rendre inapplicable le moyen que nous proposons; surtout dans un pays tel que la France.

Que d'argent n'a-t-il pas fallu pour mener à fin tant d'entreprises gigantesques dont la conception honore infiniment le génie Français, et dont la réussite complète remplit d'admiration tous les peuples de la terre!

Tous ces beaux ponts établis sur les fleuves et les rivières; ces canaux de navigation; ces ports vastes et profonds creusés ou agrandis sur divers points du littoral de la mer; ce réseau de routes nationales, de routes départementales, et de chemins de grande vicinalité, se reliant tous aux grandes artères qui aboutissent au cœur de la France; enfin les voies ferrées et les lignes télégraphiques récentes applications de la science actuelle; ont coûté des sommes énormes.

Le canal du Midi, admirable conception de Riquet, d'une longueur d'environ 238 kilomètres de 13$^m$ largeur, 3$^m$ profondeur, ou 9,282,000$^m$

cub. de capacité, a exigé pour son établissement le concours permanent de 10 à 12 mille ouvriers; il a coûté 14 années de travail, et une dépense de 17 millions qui, au taux actuel de la monnaie, représente au moins 54 ou 55 millions.

En 1854, la longueur développée des chemins de fer construits ou en construction, dépassait 8000 kilomètres; et d'après un relevé financier fait par l'administration, ces lignes ferrées représentent un capital d'environ trois milliards, calculé sur le taux d'émission des actions.

Les travaux relatifs à la navigation intérieure ont absorbé, dans la période de 1831 à 1846, savoir : pour les canaux, 289,623,954 francs ; pour les rivières et les fleuves, 210,852,507 fr. Total 500,476,461 francs.

Mais c'est surtout l'ensemble imposant des voies de communication par terre qui a dû coûter des sommes énormes. On le conçoit, quand on sait que le perfectionnement des grandes routes a donné lieu à une dépense de 132 millions, depuis 1838, sur un développement de 8600 lieues; et que le perfectionnement des routes départementales, pour un développement de 3600 lieues environ, a entrainé une dépense de 116 millions, sans compter les routes stratégiques et les chemins vicinaux.

Tous ces ouvrages magnifiques, tous ces grandioses établissements, dont chacun a été un fait saillant d'un règne ou d'une époque, ont dans leur admirable ensemble comme dans leur détail, une utilité grande, certaine, et que chacun apprécie avec autant de bonheur que d'étonnement. Ils ajoutent de précieux avantages à ceux dont la France a été si largement dotée par la nature, et qu'elle doit à sa position topographique, à ses nombreux cours d'eau, à la beauté de son climat et à la richesse de sa végétation.

Mais tous les résultats des divers travaux exécutés par le génie de l'homme pendant une longue série de siècles, tous les avantages qu'ils ont amenés, quelque grands qu'ils soient, ne sont pas plus importants que les avantages immédiats et certains qui résulteraient de l'application du système que nous proposons ; et les dépenses que les divers travaux ci-dessus désignés ont occasionnées sont de beaucoup supérieures à la somme qu'il faudrait employer pour empêcher les inondations.

Afin de donner très-approximativement l'évaluation de la dépense totale qu'exigerait l'application générale de notre système, pour clore définitivement l'ère des inondations ; nous allons établir des calculs détaillés sur deux exemples :

l'un pris dans le Rhône, et l'autre pris dans la
Garonne. Nous donnerons ensuite, mais sans
détail, ce que coûteraient les mêmes applications
pour la Loire et pour la Seine. Nous aurons ainsi
calculé les dépenses nécessaires pour empêcher
les inondations dans les quatre bassins hydrographiques de la France; et nous prévenons que
les calculs seront établis sur les travaux d'ensemble qu'exige le premier procédé indiqué dans
le chapitre XI.

Les dépenses pour l'exécution des travaux relatifs au 2ᵉ procédé seront à peu près les mêmes
que celles du 1ᵉʳ procédé. Car, si d'un côté, les
tranchées-filtres coûtent plus cher que les canaux, pour chaque mètre linéaire; d'un autre
côté, les tranchées n'ont pas le 1/4 du développement en longueur des canaux et fossés. De
plus, le second procédé dispense de l'acquisition
du terrain qui doit porter le système de canaux
et fossés du premier procédé.

Les nombreux cours d'eau que possède la
France coulent dans 25 bassins secondaires qui
se réunissent en quatre bassins principaux, savoir : le Rhône, la Garonne, la Loire et la Seine.
De sorte que ce serait en quelque sorte préserver
la France entière du fléau des inondations, que
d'empêcher ce fléau dans les quatre fleuves déjà
nommés.

1° *Bassin du Rhône.*

**Prenons** le Rhône à Valence, pendant l'inondation du 31 mai 1856, qui est la plus forte que
le Rhône ait fournie de mémoire d'homme.

D'après ce qui a été dit (page 101), il s'agit
d'arrêter 1,500,000,000 mètres cubes d'eau.

Donc pour empêcher les plus fortes inondations dans le Rhône, pris à Valence, il faudra,
sur les sites élevés de son bassin hydrographique, établir des bassins d'écluses ou de barrages,
et creuser des canaux et des fossés dont la capa-
citéd'ensemble soit équivalente à 1,500,000,000
mètres cubes:

Soit 1/2 de cette capacité attribuée aux bassins
d'écluses. Il resterait pour la capacité à donner
aux canaux et aux fossés le 1/2 de 1,500,000,000
mètres cubes, ou 750,000,000 mètres cubes.

Prenons pour prix moyen du mètre cube de
déblai 0 fr. 25 ; la dépense pour les 750,000,000
mètres cubes de déblai des canaux et fossés serait
d'environ. . . . . . . . . . . .    187,500,000 fr.

Ajoutant 1/100 environ de
cette somme pour le terrain et
l'établissement des bassins de
barrages . . . . . . . . . . . .    1,875,000

Enfin 1/10 environ de celle-ci pour frais d'opération de nivellement, évaluation des surfaces, etc. . . . . . . . .     187,500 fr.

Quant au terrain qui doit recevoir le système des canaux et fossés ; si l'on donne aux fossés et canaux une profondeur de 2 mètres, et une largeur moyenne de 5 mètres, la longueur d'ensemble sera de 75,000,000 mètres ; et la surface occupée par l'établissement des canaux et fossés sera d'environ 37500 hectares.

Dans les sites élevés où le système serait établi, le terrain a généralement peu de valeur.

Soit 100 francs le prix moyen de l'hectare de terrain; l'achat des 37500 hectares exige une somme de . . . . .     3,750,000

RÉCAPITULATION.

Dépense pour creuser les
canaux et fossés .     187,500,000 fr.
— pour le terrain et l'é-
tablissement des

|  |  |  |
|---|---|---|
| bassins. . . . . . | | 1,875,000 fr. |
| — pour frais d'opérations de nivellement, etc. . . . . | | 187,500 |
| — pour achat du terrain des canaux et fossés . . . . . . . . | | 5,750,000 |
| | Total. . . | 195,312,500 |

D'après cette analyse et le résultat auquel elle conduit, il faudrait donc une somme d'environ 190,000,000 de francs pour empêcher définitivement les inondations dans le bassin du Rhône ; somme relativement faible, si on la compare aux pertes et aux dégâts de toutes sortes que les débordements de ce fleuve et de ses affluents ont occasionnés en maintes circonstances, et à diverses époques, ou seulement aux pertes encore récentes que les inondations du seul mois de mai 1856 ont causées.

### 2° *Bassin de la Garonne.*

D'après les documents que nous avons détaillés (page 97), et aussi d'après ce que nous avons dit (page 91), du débit de quatre journées et demie qu'un fleuve fournit en sus de son

écoulement ordinaire pendant les fortes inondations ; prenons la Garonne à Tonneins, à l'époque de ses eaux moyennes, et soit 1400$^m$ cub
son débit par seconde, à cette même époque.

Ce point de départ donne :

Pour le débit pendant une
   seconde .  .  1,400$^m$ cub.
—   pendant une
   minute  .  84,000
—   pendant une
   heure . . 5,040,000
—   pendant une
   journée . 120,960,000
—   pendant qua-
   tre jour-
   nées et de-
   mie . . . 544,320,000

Ainsi, pour empêcher les inondations dans la
Garonne, prise à Tonneins, il faudra, sur les
sites élevés de son bassin hydrographique,
établir des bassins de barrages et creuser des
canaux et des fossés dont la capacité d'ensemble
soit équivalente à 544,520,000 mètres cubes.

Soit 1/2 de cette capacité attribuée aux bassins ; il resterait une capacité de 272,160,000
mètres cubes, à donner aux canaux et fossés.

Ce déblai, à raison de 0, fr. 25 le mètre cube,
coûtera une somme d'environ .   68,040,000 fr.

1⁷100 environ de cette somme, pour le terrain et l'établissement des bassins . . . . . .          680,400

1⁷10 de cette dernière somme
pour frais de nivellement, éva-
luation des surfaces, etc. . . .          68,040

Pour achat du terrain , de
27,216,000 mètres de longueur,
5 mètres de largeur moyenne,
ou en surface 13,608 hectares ;
à 100 fr. l'hectare . . . . . . .          1,360,800

RÉCAPITULATION.

Dépense pour creuser les ca-
       naux et fossés . .   68,040,000
   —    pour l'établissement
       et le terrain des
       bassins . . . . . .          680,400
   —    pour frais d'opéra-
       tions de nivelle-
       ments, etc. . . . .          68,040
   —    pour achat du terrain
       des fossés et ca-
       naux . . . . . . .          1,360,800
               ———————
         TOTAL. . .   70,149,240

Il faudrait donc une somme d'environ 70,000,000 de francs, pour empêcher définitivement les inondations dans le bassin de la Garonne.

### 3° *Bassin de la Loire.*

Les calculs établis sur des données analogues aux précédentes, portent à environ 60,000,000 de francs les dépenses pour empêcher les débordements de la Loire, prise à Orléans.

### 4° *Bassin de la Seine.*

Les mêmes calculs établissent que pour empêcher les inondations de la Seine, prise à Paris, il faudrait dépenser une somme d'environ 45,000,000 de francs.

### Récapitulation générale.

L'application générale de notre premier procédé, pour empêcher les inondations dans les quatre grands bassins hydrographiques de la France, exigerait environ les dépenses suivantes :

| | | |
|---|---|---|
| 1° Pour le Rhône . . . . . | 190,000,000 fr. |
| 2° Pour la Garonne . . . . | 70,000,000 |
| 3° Pour la Loire . . . . . . | 60,000,000 |
| 4° Pour la Seine . . . . . . | 45,000,000 |
| Total . . . . | 365,000,000 |

Ainsi, pour clore définitivement la longue et lamentable histoire des pertes et des malheurs causés par les inondations dans les quatre grands bassins hydrographiques de la France, il faudrait une somme d'environ 565,000,000 de francs.

Cette somme est très-grande sans doute, mais elle n'excède peut-être pas de beaucoup la valeur des pertes matérielles que les inondations du seul mois de mai 1856, ont occasionnées dans les récoltes, dans les champs, dans les marchandises en magasins, dans les habitations, dans les bestiaux, dans les ouvrages de l'homme et dans les produits de l'industrie.

Toutes ces pertes matérielles se peuvent réparer, à la longue, parce qu'elles ont une valeur qu'on peut déterminer.

Mais, si nous considérons la perte de tant de personnes qui ont été victimes du fléau des inondations, nous trouverons ces pertes-là irréparables, car on ne saurait les évaluer.

L'emploi intelligent et bien ordonné de la somme ci-dessus, doit mettre fin à toute ces pertes matérielles, à tous ces malheurs irréparables.

Cette dépense, à peu près équivalente à la valeur des pertes occasionnées par une des plus fortes inondations, sera du moins le dernier tribut payé à ce fléau dévastateur qui ravage périodiquement certaines contrées du monde; et la France se trouvera affranchie pour toujours des fureurs des inondations.

Ce sera un abandon volontaire, accordé aux exigences d'un ennemi redoutable; mais cet abandon sera fait pour conclure et pour assurer une paix définitive. De sorte que les générations futures devront leur sécurité au dévouement de la population actuelle.

Au surplus, si pour rendre impossibles les inondations, on doit se soumettre à des sacrifices très-considérables; les sommes dépensées n'auront pas été employées à des travaux stériles. Car, non seulement on aura atteint un but scientifique; non seulement on aura maîtrisé le fléau des inondations; mais on tirera de ces travaux des profits immenses soit pour l'agriculture, soit pour l'industrie; d'où il résultera des compensations presque équivalentes à la somme dépensée.

Ces dernières considérations vont être exposées dans le chapitre suivant.

QUESTION FINALE.

On pourrait demander combien de temps il

faudrait pour l'exécution complète de ce système de retenue des eaux pluviales qui doit faire disparaître le fléau des inondations.

A cette question, qui est très-logique, nous répondrons :

1° Que la durée d'exécution pour l'application la plus générale de ce système doit dépendre naturellement de l'activité que l'on mettra à poursuivre les travaux, du nombre de chantiers qui seront ouverts simultanément, et du nombre des ouvriers employés dans chacun des chantiers ;

2° Que, si les travaux d'exécution étaient entrepris simultanément et poursuivis dans toutes les localités et sur tous les points convenables de chacun des quatre grands bassins hydrographiques de la France, une année suffirait pour terminer les travaux et pour qu'on n'eût plus à craindre les effets des inontions.

3° Que, pour arriver à ce résultat dans l'espace d'une année, il faudrait, en moyenne, le concours de 5,000 ouvriers par département.

# CHAPITRE XIV.

—

**Résultats et compensations à espérer.**

De l'application de notre théorie il résultera :

1° La diminution de la violence des inondations, ou même la disparition complète de ce fléau, en suivant l'un ou l'autre des deux procédés.

Et d'abord, la diminution de la force de ce fléau résultera de chaque application que recevra notre système. Car il est bien évident que la masse des eaux pluviales, qui sera arrêtée en divers points de quelques sites élevés, ne viendra pas courir dans les torrents, dans les ruisseaux, dans les rivières et dans les fleuves. Conséquemment, cette masse d'eau retenue manquera au rendez-vous général, et son absence diminuera d'autant le contingent nécessaire pour produire les débordements des cours d'eau. Ainsi, chaque application de notre système rendra les inondations moins furieuses, moins puissantes, moins redoutables.

Ensuite, cette diminution de force continuera de s'opérer à mesure que les applications de notre théorie s'étendront sur une plus vaste échelle; et le fléau aura complétement disparu, lorsque notre système sera établi partout, et que ses applications couvriront tous les sites plus ou moins élevés où siégent les causes premières des inondations.

2° Par l'emploi du second procédé, sur une foule de sites jailliront des Fontaines nouvelles et permanentes qui fourniront de l'eau claire, pure, fraîche, agréable à boire en toutes saisons. De sorte qu'un nombre prodigieux d'habitations isolées, ou même des hameaux, des villages, des villes, qui aujourd'hui manquent d'eau pendant une bonne partie de l'année, seront alors largement pourvus d'eau potable, cet élément le plus nécessaire à la vie après l'air que nous respirons.

Il suit de là que le second procédé peut être employé comme moyen d'irrigations, et porter ainsi la fertilité et l'abondance dans les localités qui manquent de cours d'eau favorablement situés pour arroser les terres, et qui ont été privés jusques à ce jour de jardins potagers pour fournir aux besoins des ménages.

Cette conséquence découle évidemment des raisonnements qui précèdent, et de l'ensemble du système lui-même. Car il est bien évident que, quand on a de l'eau à sa disposition, on peut donner à cette eau telle destination que l'on veut (*).

3° Par l'application du second procédé, les éléments du fléau auront été ainsi transformés en sources de biens. Car on aura soumis les causes premières des inondatious à contribuer pour une large part, et en vertu de leurs actions combinées, au développement de ce système de Fontaines nouvelles.

Or, ce système de Fontaines nouvelles crée à l'industrie d'innombrables moteurs, et devient une source de richesses.

En effet:

Premièrement, ce système de Fontaines nouvelles crée à l'industrie d'innombrables moteurs.

Car, d'une part, les Fontaines établies d'après notre système, ne puisent pas leur aliment dans les rivières, ni dans les canaux, et ne portent conséquemment aucune atteinte à l'industrie existante.

D'autre part, ces Fontaines nouvelles sont uniquement formées et entretenues par des masses d'eau pluviales qui (si elles n'étaient pas sagement arrêtées par nos bassins de barrages), seraient au moins perdues pour l'industrie, lors-

(*) Voir *la Science des Fontaines*, page 450.

qu'elles ne formeraient pas des torrents passagers ayant pour effet de grossir, pendant quelques heures seulement, la rivière voisine, et de causer souvent des inondations désastreuses.

Or, notre système de Fontaines nouvelles arrête ces eaux torrentielles, et les dispense peu à peu d'un point de partage ordinairement très-élevé au-dessus de la plaine ; en sorte que, de ce point élevé de départ jusqu'au niveau de la plaine, on pourra ménager à ces eaux plusieurs chutes qui fourniront à l'industrie des moteurs plus ou moins puissants, mais toujours utiles.

Et comme ces moteurs n'existent pas sans l'emploi de notre système de Fontaines nouvelles, il est donc vrai de dire que notre système de Fontaines nouvelles, étant appliqué généralement, crée à l'industrie d'innombrables moteurs.

Secondement, ce système de Fontaines nouvelles devient une source de richesses.

Car, notre système étant établi, soit comme Fontaines d'eau potable, soit comme moyen d'irrigation, soit pour fournir des moteurs à l'industrie, crée dans toute localité qui le reçoit une véritable richesse de plus ; richesse intarissable, puisqu'elle tire sa source des eaux pluviales qui certainement ne manqueront jamais.

4° De l'emploi de l'un ou de l'autre des deux

procédés proposés, il résultera que le débit et le régime des rivières et des fleuves prendront de la régularité, puisqu'ils ne seront plus influencés par l'arrivée intempestive des eaux torrentielles qui les font varier aujourd'hui de quantités très-considérables.

En outre, l'exhaussement continuel que nous remarquons dans les lits des cours d'eau n'aura plus lieu, après l'application générale de l'un ou de l'autre des deux procédés ; parce que les torrents ayant cessé d'exister, ne pourront plus amener dans ces lits de nouvelles couches de graviers et de cailloux.

Alors on pourra sans crainte encaisser et canaliser les cours d'eau de quelque importance et les livrer à la navigation.

Alors aussi la triste célébrité, que nos fleuves ont acquise par la violence de leurs débordements périodiques, aura fait place à une réputation de calme, de régularité et d'utilité permanente.

5° Toutes ces vastes plaines d'excellent terrain qui sont maintenant submergées, à chaque grande crue, et que par cette raison l'on abandonne sans culture, comme terres maudites, aux emportements des cours d'eau, seront cultivées avec sûreté, lorsque notre système aura reçu une application générale ; parce que, les inonda-

tions n'étant plus alors menaçantes, on pourra
raisonnablement espérer de récolter.

Bientôt toute trace du passé aura disparu
dans ces plaines. L'image affligeante de l'abandon
et de l'incurie, que maintenant elles offrent partout, sera remplacée par un aspect riant et varié
que leur donnera une culture intelligente; et
d'infécondes qu'elles sont aujoud'hui, elles deviendront fertiles et se couvriront d'abondantes
récoltes.

Cette conquête de bonnes terres livrées à l'a-
griculture compenserait une partie des dépenses
exigées pour l'établissement du système.

6° De plus, les irrigations très-considérables que
l'un ou l'autre des deux procédés distribuerait
sur des surfaces immenses , si notre théorie était
généralement établie dans les quatre grands
bassins hydrographiques de la France, auraient
pour effet immédiat de favoriser une très-grande
évaporation ; d'où il pourrait résulter des précipitations de pluies plus fréquentes et modérées
dont les arrosements viendraient, de temps à autre, interrompre les longues sécheresses qui dé-
solent, presque chaque année, les départements
méridionaux.

7° Enfin, les Fontaines d'eau potable, les irrigations et les chutes d'eau résultant de l'applica-

tion du second procédé, peuvent amener des re-
venus très-considérables.

Les fournitures d'eau potable seront acceptées
avec bonheur, et à des prix même élevés, par des
habitants de propriétés isolées, par des commu-
nes rurales, par des villes;

Les moyens d'irrigations seront utilisés avec
empressement dans les campagnes ;

Et les chutes d'eau ne manqueront pas d'ac-
quéreurs pour les employer.

De la vente ou du loyer des eaux potables,
des irrigations et des chutes d'eau, il résultera
assurément des produits très-considérables qui
établiront des compensations équivalentes à une
forte partie, si non à la totalité des dépenses.

Ce dernier résultat très-probable mérite d'être
pris en sérieuse considération. Car il laisse prévoir qu'on pourrait, et à peu de frais, maîtriser
le phénomène des inondations : et transformer
cette cause si ancienne d'immenses malheurs en
une source intarissable de profits.

Rappelons, en terminant, la pensée qui a
été déjà formulée dans l'introduction (page 20),
et qui résume à elle seule tout cet ouvrage.

Lorsque l'application la plus générale de notre système aura tourné au profit de l'agriculture, de l'industrie et de l'économie domestique.

cette immense richesse d'eaux courantes, qui jusqu'à ce jour nous a été bien des fois si funeste; alors on aura compris le but providentiel de ce grand nombre de cours d'eau que possède la France; alors aussi nous n'aurons plus d'inondations, et notre pays deviendra le lieu le plus florissant du monde.

Notre tàche est achevée.

Sans doute, ce travail est un peu long; mais, en parcourant le cadre que nous nous étions tracé d'avance, nous ne nous sommes point préoccupé du nombre de pages que ce mémoire pourrait contenir. Notre seule ambition a été d'embrasser tout le sujet donné, et de le traiter dans son ensemble et dans ses diverses parties. Ce sujet, à la fois si complexe et si intéressant, a exigé une foule de recherches et une rédaction à laquelle nous n'avons pu fixer des limites plus resserrées.

Pour nous conformer au désir exprimé par l'Académie, et afin de remplir le programme qu'elle a posé ; nous avons dù, en premier lieu, aborder franchement le fond de la question, et puis, la suivre dans ses détails; nous avons dù fouiller dans toutes ses difficultés, les étudier et les analyser une à une.

Heureux si, par nos investigations et nos efforts, nous sommes parvenu à les résoudre toutes d'une manière satisfaisante. Nous aurions atteint ainsi le double but que nous nous étions proposé, savoir : de répondre complétement au généreux appel de l'Académie impériale des sciences, belles-lettres et arts de Bordeaux, et de faire en même temps un travail très-utile pour la France.

**FIN.**

# TABLE ANALYTIQUE DES MATIÈRES.



## PREMIÈRE PARTIE.
### Causes des Inondations.

#### CHAPITRE I.
*Véritable point de vue de la question.*

La question si complexe des inondations doit être placée

## CHAPITRE II.

### *Définitions des causes des Inondations.*

#### 1º Causes premières ou absolues.



#### 2º Causes secondaires ou accidentelles.



## CHAPITRE III.

### *Démonstration des Causes premières des Inondations.*

## CHAPITRE IV.

*Mesure des causes des Inondations.*

### 1° Causes premières ou absolues.



### 2° Causes secondaires ou accidentelles.



## CHAPITRE V.

*Comment se forment les Inondations.*

## CHAPITRE VI.

### *Inondations dans les diverses saisons.*



#### 1° Relativement à la saison.



#### 2° Relativement à la température.

## SECONDE PARTIE.

## Remède qu'il convient d'appliquer au mal.

### CHAPITRE VII.

*Divers moyens déjà proposés pour combattre les Inondations.*

## CHAPITRE VIII.

*Influence de certains travaux.*



## CHAPITRE IX.

*Appréciation numérique du volume d'eau qui fait déborder
les rivières et les fleuves.*

## CHAPITRE X.

*Moyens à Employer pour arrêter la quantité d'eau qui fait déborder les rivières et les fleuves.*

## CHAPITRE XI.

*Destination des eaux arrêtées.*

### 1er Procédé.

## CHAPITRE XII.

*Destination des eaux arrêtées.*

### 2<sup>me</sup> Procédé.



#### 1° Relativement aux faibles dépressions.

Dans la partie la plus basse de chacun des bassins de bar-

## CHAPITRE XIII.

### *Aperçu des dépenses.*



## CHAPITRE XIV.

### *Résultats et compensations à espérer.*

Par l'application de cette théorie, on aura les résultats suivants :

FIN DE LA TABLE ANALYTIQUE.

---

VALENCE, IMPRIMERIE CHALÉAT.

Planche II

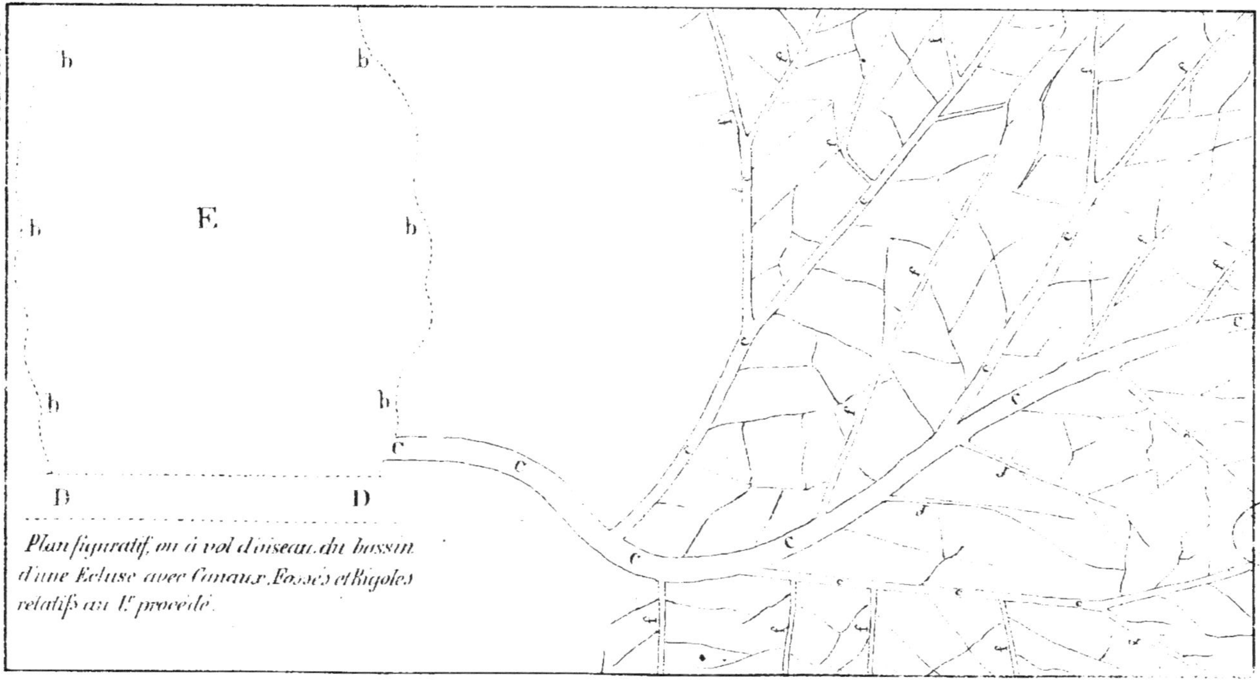


*Plan figuratif, ou à vol d'oiseau du bassin d'une Ecluse avec Canaux, Fossés et Rigoles relatifs au 1er procédé.*

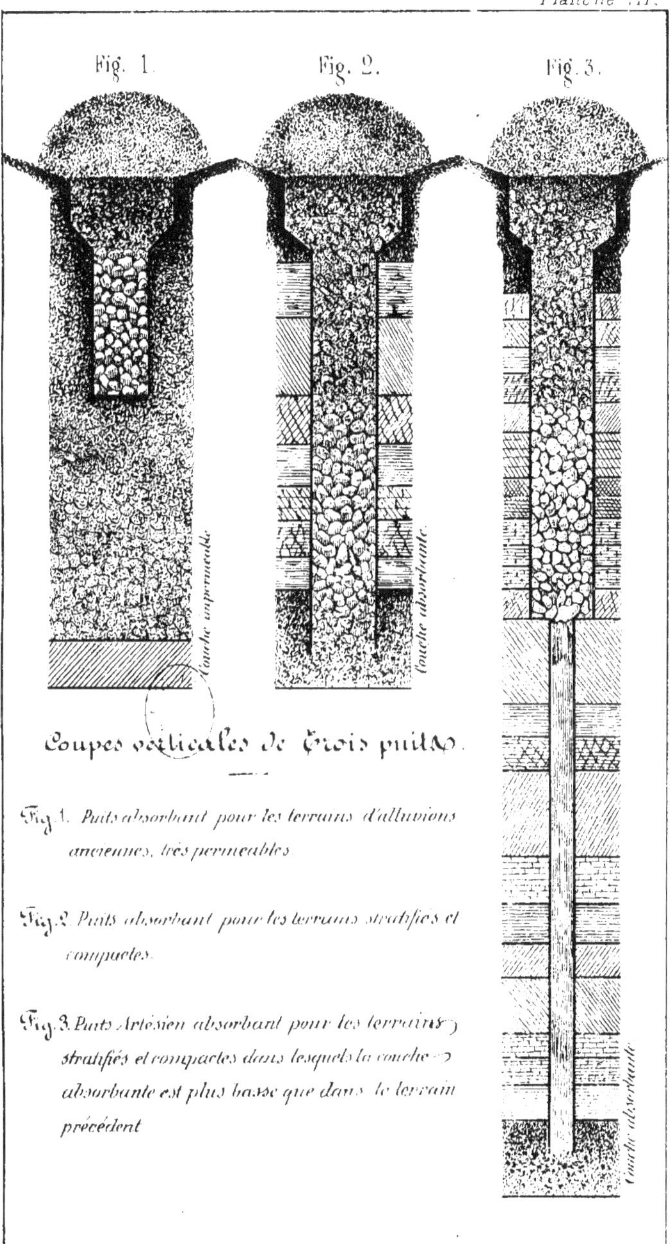



Coupes verticales de trois puits.

Fig. 1. Puits absorbant pour les terrains d'alluvions anciennes, très perméables.

Fig. 2. Puits absorbant pour les terrains stratifiés et compactes.

Fig. 3. Puits Artésien absorbant pour les terrains stratifiés et compactes dans lesquels la couche absorbante est plus basse que dans le terrain précédent.

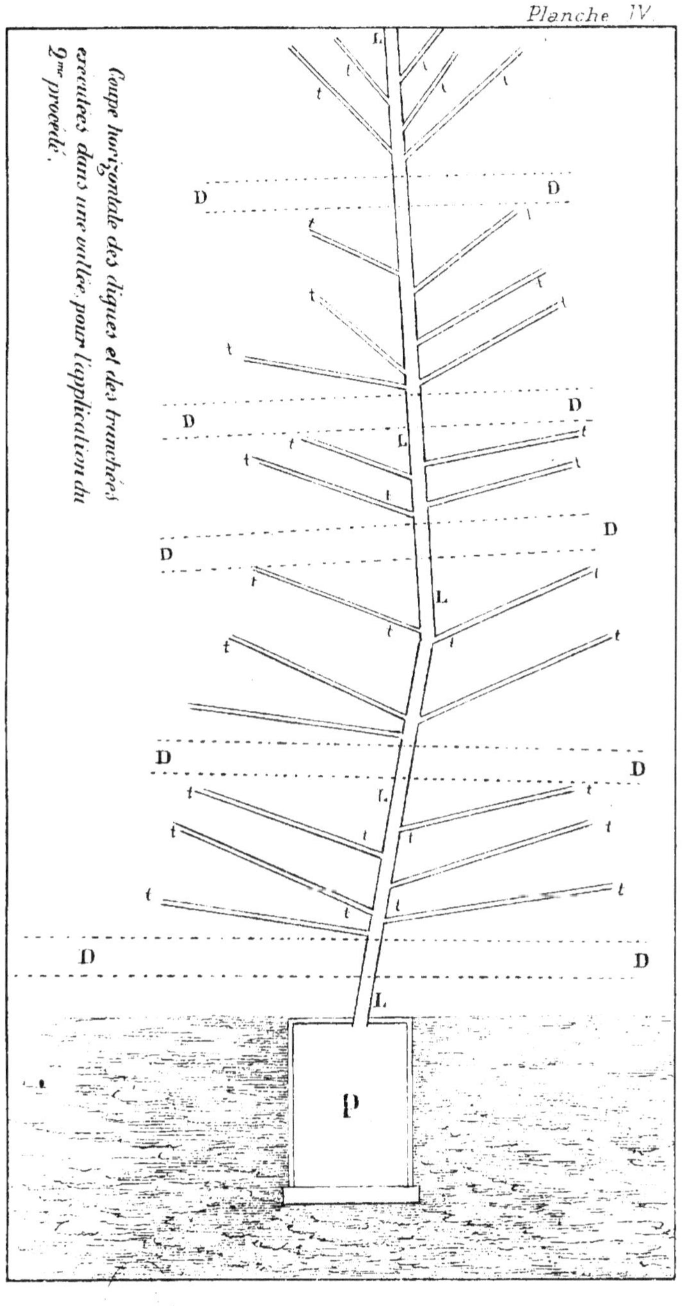

Coupe horizontale des digues et des tranchées
exécutées dans une vallée pour l'application du
2.me procédé.
D
D
D
D
D
D
D
D
D
D
D
D
L
L
L
t
P

Planche V.